陕西理工大学生物科学与工程学院学科建设经费资助出版

极小种群野生植物
秦岭石蝴蝶研究与保护

蒋景龙　胡凤成　等　著

U0230677

科学出版社

北　京

内 容 简 介

目前，人类正处于历史上前所未有的生物多样性危机之中，当前物种灭绝速度远超过预测。秦岭石蝴蝶，第一批国家重点保护、极小种群野生植物，是曾被认为已灭绝的物种，后在秦岭的汉中地区被发现有野外分布，数量极少，分布地域狭窄，濒临灭绝，急切需要保护和拯救。秦岭石蝴蝶研究与保护团队近百名成员，历经十余年努力，在秦岭地区系统开展了秦岭石蝴蝶野外调查、就地保护、生殖学分析、遗传多样性分析、花器变异现象分析、人工繁育与苗圃驯化、野外回归、濒危机制探讨和观赏性开发等方面研究。本书在梳理上述研究成果的基础上，总结珍稀濒危植物保护的模式和策略，为我国其他极小种群野生植物保护提供参考。

本书可供高校和科研院所植物学、林学、生态学、保护生物学等学科的师生和科研人员参考，也可供相关政府管理部门、自然保护区、植物园等的自然保护管理工作者参考。

图书在版编目（CIP）数据

极小种群野生植物秦岭石蝴蝶研究与保护 / 蒋景龙等著. -- 北京：科学出版社, 2024. 11. -- ISBN 978-7-03-079047-7

Ⅰ. Q969.438.1

中国国家版本馆 CIP 数据核字第 2024Y1C331 号

责任编辑：张会格　白　雪 / 责任校对：郑金红
责任印制：肖　兴 / 封面设计：刘新新

斜 学 出 版 社 出版
北京东黄城根北街 16 号
邮政编码：100717
http://www.sciencep.com
北京建宏印刷有限公司印刷
科学出版社发行　各地新华书店经销

*

2024 年 11 月第 一 版　　开本：720×1000 1/16
2024 年 11 月第一次印刷　　印张：8 3/4
字数：177 000

定价：128.00 元
（如有印装质量问题，我社负责调换）

著 者 名 单

主要著者：蒋景龙　　胡凤成

其他著者：王　勇　李　耘　胡选萍　李　丽

　　　　　王　琦　颜文博　徐全乐　杨　涛

　　　　　刘　祥　杨洁羽　秦亚伟　杨　博

　　　　　赵新峰　宛　甜　赵佐平　王国军

　　　　　陈　旺　李江月　郑俊辉　夏经虎

　　　　　吴　强　胡　佳　魏丽娜　李保艳

　　　　　曹　普　李长波　李　超　张兴海

　　　　　陈建华　黎　斌　孙　旺　朱大鹏

参编单位：

陕西理工大学

兰州大学

西北农林科技大学

阜阳师范大学

汉中市野生动植物保护管理站

略阳县林木种苗工作站

陕西省自然保护区与野生动植物管理站

陕西长青国家级自然保护区管理局（大熊猫国家公园长青
　管理分局）

汉中市林业局

汉中市秦巴生态保护中心

汉中市褒河林场

汉中市汉台区秦岭生态保护中心

城固县秦巴生态保护中心

城固县国有小河林场

城固县国有青龙寺林场

汉中市农业技术推广与培训中心

勉县农业技术推广与培训中心

汉中市汉台区蔬菜果品技术推广中心

西安植物园

陕西佛坪国家级自然保护区管理局

序

在全球生物多样性快速流失、大量生物物种濒临灭绝、生物多样性保护形势日益严峻的背景下，我国率先提出了极小种群野生植物（plant species with extremely small populations，PSESP）的概念。经过不断创新发展，极小种群野生植物已成为保护生物学领域的重要概念。极小种群野生植物是指那些分布地域狭窄或呈间断分布、种群和个体数量少、受人为干扰严重、随时有灭绝风险的野生植物。纳入开展拯救保护的极小种群野生植物，其野外成熟植株应少于 5000 株，每个种群的成熟个体不超过 500 株；优先考虑成熟个体少于 1000 株的物种，重点考虑植株数量少于 100 株的种类。中国的极小种群野生植物多数为我国特有种，具有重要的生态、科学、文化和经济利用价值，是保障国家生态安全和生物安全的战略资源。拯救保护极小种群野生植物，有助于延缓物种灭绝，维护生态平衡，促进生物资源的可持续利用，意义重大。

2010 年 3 月，云南省人民政府批复了《云南省极小种群物种拯救保护规划纲要（2010—2020 年）》和《云南省极小种群物种拯救保护紧急行动计划（2010—2015 年）》；2012 年 4 月，国家林业局及国家发展改革委印发了《全国极小种群野生植物拯救保护工程规划（2011—2015 年）》。在随后的"十二五"和"十三五"十年间，我国的极小种群野生植物拯救保护成效显著，引起了国际社会的广泛关注。2021 年 3 月，国家发布的《中华人民共和国国民经济和社会发展第十四个五年规划和 2035 年远景目标纲要》中，极小种群野生植物被纳入重要生态系统保护和修复工程专栏中的自然保护地及野生动植物保护规划。2021 年 12 月，国家林业和草原局印发了《"十四五"全国极小种群野生植物拯救保护建设方案》。2023 年初，云南省三部门（云南省林业和草原局、云南省农业农村厅和云南省科技厅）印发了《云南省极小种群野生植物拯救保护规划（2021—2030 年）》。2022 年 7 月 1 日实施的中华人民共和国国家生态环境标准《环境影响评价技术导则 生态影响》（HJ 19—2022）中，极小种群野生植物被纳入生态影响评价的重要物种。此外，在《中国生物多样性保护战略与行动计划（2023—2030 年）》中，极小种群野生植物拯救保护被纳入相关保护行动的优先项目。因此，极小种群野生植物的拯救保护已成为国家和地方政府生物多样性保护战略中保护野生动植物的一个重要内容。

秦岭石蝴蝶（*Petrocosmea qinlingensis* W. T. Wang）为国家二级重点保护野生植物，先后被列入《全国极小种群野生植物拯救保护工程规划（2011—2015 年）》和《"十四五"全国极小种群野生植物拯救保护建设方案》中。秦岭石蝴蝶是我国著名植物分类学家王文采院士于 1981 年发表的物种，该物种发表后的 30 多年间，野外调查均未发现其野生分布。此后，在汉中陆续发现了秦岭石蝴蝶野生分布，但其个体数量极少，拯救保护迫在眉睫。有鉴于此，当地政府、高校和科研机构组建团队，在系统开展野外调查的基础上，采取了必要的就地保护措施，开展了人工扩繁栽培基础上的迁地保护、野外回归和观赏性开发等抢救性保护工作，并研究其濒危机制。历经十余年的研究和保护，该团队探索了"地方政府重视+校地合作+社会参与"的秦岭石蝴蝶拯救保护模式，为该物种的科学保护和种质资源的可持续利用奠定了基础，同时也为其他珍稀濒危植物，特别是我国西北地区的极小种群野生植物拯救保护提供参考。

目前，已出版的书名含"极小种群野生植物"的专著有《云南省极小种群野生植物保护实践与探索》《云南省极小种群野生植物研究与保护》《云南省极小种群野生植物保护名录（2021 版）》《中国西南地区极小种群野生植物图鉴》等。在极小种群野生植物拯救保护领域又一本专著——《极小种群野生植物秦岭石蝴蝶研究与保护》出版之际，我感到非常高兴，乐于作序，以示对作者们的祝贺！

孙卫邦

中国科学院昆明植物研究所 研究员

云南省极小种群野生植物综合保护重点实验室 主任

2024 年 10 月 17 日

前　　言

近年来，随着人类活动的干扰和极端气候变化的影响，许多珍稀濒危野生植物的分布区域锐减并不断退化，生物多样性受到严重威胁，中国也是生物多样性受威胁最严重的国家之一。为了保护这些珍稀濒危野生植物，我国相继开展了大量工作。1984 年国务院公布了我国第一批《珍稀濒危保护植物名录》，1996 年国务院又颁布了《中华人民共和国野生植物保护条例》，1999 年国家林业局和农业部发布了《国家重点保护野生植物名录（第一批）》。自 2008 年起，中国科学院生物多样性委员会汇编了《中国生物物种名录》，摸清了中国生物多样性"家底"，支持我国履行《生物多样性公约》，中国也是目前唯一每年都发布和更新生物物种名录的国家。2012 年 4 月 18 日，国家林业局、国家发展改革委联合下发通知，要求各地区根据《全国极小种群野生植物拯救保护工程规划（2011—2015 年）》，制定本地区实施方案，切实采取有效措施，全面推进极小种群野生植物拯救保护工作。该规划确定将 120 种极小种群野生植物作为工程一期拯救保护对象，开展拯救保护试点，为期 5 年。120 种极小种群野生植物中，有国家一级重点保护野生植物 36 种、国家二级重点保护野生植物 26 种、省级重点保护野生植物 58 种。

2021 年，我国相继调整发布了《国家重点保护野生动物名录》《国家重点保护野生植物名录》，它们的出台有利于拯救濒危野生动植物，维护生物多样性和生态平衡，这也是我国积极践行生态文明、建设美丽中国的重要举措。2021 年 10月 12 日，在《生物多样性公约》第十五次缔约方大会领导人峰会上，我国公布成立首批国家公园，包括三江源国家公园、大熊猫国家公园、东北虎豹国家公园、海南热带雨林国家公园、武夷山国家公园，这些国家公园涉及的青海、西藏、四川、陕西、甘肃、吉林、黑龙江、海南、福建、江西等 10 个省份，均处于我国生态安全战略格局的关键区域，保护面积达 23 万 km^2，涵盖近 30%的陆域国家重点保护野生动植物种类。2023 年 1 月 4 日，国家林业和草原局（国家公园管理局）、财政部、自然资源部、生态环境部联合印发《国家公园空间布局方案》，遴选出

49 个国家公园候选区（含正式设立的 5 个国家公园），提出到 2035 年我国将基本建成全世界最大的国家公园体系。此外，2021 年 12 月国务院批复同意在北京市建立国家植物园，拉开了国家植物园体系建设序幕。2022 年 12 月 19 日，《生物多样性公约》第十五次缔约方大会通过了"昆明-蒙特利尔全球生物多样性框架"（以下简称"昆蒙框架"），体现了国际社会对生物多样性危机的共识及应对这一全球性挑战的决心。"昆蒙框架"为今后 10～30 年全球生物多样性保护设立了具体目标、规划了主要路径，开启了全人类为解决生物多样性危机的又一次共同行动，再次展示了全人类携手共建地球生命共同体的良好意愿与决心，也开辟了中国作为一个负责任大国主导全球环境治理之先河。

中国受威胁植物有 3000 多种，根据现有野生植物资源调查情况和全国"极小种群野生植物"（PSESP）筛选标准，首批优先重点保护的 120 种野生植物被确定，其中包括秦岭石蝴蝶（*Petrocosmea qinlingensis*）。秦岭石蝴蝶为秦岭地区特有、国家二级重点保护野生植物，其模式标本最早由傅坤俊先生于 1952 年 9 月在陕西省沔县（现勉县）茶店镇附近采集，当时被命名为中华石蝴蝶。1981 年，著名植物分类学家王文采在整理标本时发现其区别于中华石蝴蝶，将其认定为新种，命名为秦岭石蝴蝶。自命名后 30 多年，研究人员针对该物种开展了多次野外调查，均未发现野生居群。在"陕西省第二次野生植物资源调查""汉中市极小种群野生植物秦岭石蝴蝶、庙台槭资源调查""汉中市秦岭石蝴蝶补充调查"中，调查人员先后于勉县和略阳两地再次发现秦岭石蝴蝶的野生居群。调查显示，该物种野生居群地理分布区域极为狭窄，个体数量极其稀少，处于极危状态，急需保护和拯救。

为了加强对秦岭石蝴蝶的保护，在强化原生境地就地保护的同时，陕西省林业局和汉中市林业局及汉中市野生动植物保护管理站，联合陕西理工大学、略阳县林木种苗工作站、陕西长青国家级自然保护区管理局（大熊猫国家公园长青管理分局）、陕西佛坪国家级自然保护区管理局、汉中市褒河林场、城固县秦巴生态保护中心、城固县国有小河林场等单位，共同组建了秦岭石蝴蝶研究与保护团队。团队近百名成员，历经十余年的努力，在秦岭地区系统开展了秦岭石蝴蝶野外调查、就地保护、生殖学分析、遗传多样性分析、花器变异现象分析、人工繁育与苗圃驯化、野外回归、濒危机制和观赏性开发等方面研究，取得了阶段性成果。2019 年秦岭石蝴蝶人工繁育突破 1 万株，被《陕西日报》《中青在线》等媒体报道。2021 年秦岭石蝴蝶人工繁育成果获"陕西林业科技成果奖"一等奖。2022年秦岭石蝴蝶保护模式被生态环境部评为"2022 年生物多样性优秀案例"。2023年秦岭石蝴蝶野外回归研究成果再获"陕西林业科技成果奖"二等奖。2023 年秦岭石蝴蝶大规模野外回归被央视《朝闻天下》《新闻直播间》《今日环球》等节目报道。2024 年 6 月秦岭石蝴蝶保护的最新进展被新华社专题报道。本书在梳理上述研究成果的基础上，总结珍稀濒危植物保护的模式和策略，为我国其他极小种群野生植物保护提供参考。此外，本书还增加了我国珍稀濒危野生植物的保护现状、国家重点保护野生植物名录和国家保护野生植物的管理条例等科普及宣传性内容，希望能够增强读者保护濒危物种和生物多样性的意识。

　　本书是项目支持和协作单位通力合作的结果，是全体研究人员的智慧结晶。在本书出版之际，特别感谢陕西省林业局、汉中市林业局和阿拉善 SEE 西北项目中心对本研究的资助，感谢陕西理工大学生物科学与工程学院学科建设经费给予本书出版的资助。同时，特别感谢中国科学院植物研究所王文采院士、陕西师范大学任毅教授和张小卉教授、西北农林科技大学郭军战副教授和吴振海高级实验师、陕西省自然保护区与野生动植物管理站刘广振副站长对本研究的关心和支持！特别感谢中国科学院昆明植物研究所孙卫邦研究员为本书提供宝贵资料并作序！感谢汉中市广播电视台王迪和武涛给予本书图版的设计和建议！

　　本书许多内容尚属研究探索，一些观点和方法还需进一步完善与提高。同时，限于作者写作水平，不足之处在所难免，敬请读者不吝指正！

蒋景龙
2024 年 4 月于陕西理工大学

目　　录

第一章　我国极小种群野生植物保护研究概况 ………………………………1

　第一节　极小种群野生植物概述 ………………………………………2

　　一、极小种群野生植物概念提出的背景 ……………………………2

　　二、极小种群野生植物的概念及认定 ………………………………3

　　三、极小种群野生植物概念提出的意义 ……………………………10

　　四、极小种群野生植物与濒危植物的联系 …………………………11

　第二节　我国极小种群野生植物保护现状 …………………………12

　　一、国家极小种群野生植物保护实践 ………………………………13

　　二、各省份极小种群野生植物保护实践 ……………………………16

　参考文献 ……………………………………………………………20

第二章　极小种群野生植物秦岭石蝴蝶概述 ……………………………23

　第一节　秦岭石蝴蝶重发现过程 ……………………………………24

　　一、命名与重发现 …………………………………………………24

　　二、生物学特征与分布 ……………………………………………24

　　三、濒危现状 ………………………………………………………27

　第二节　秦岭石蝴蝶繁殖学特征 ……………………………………27

　　一、花部特征分析 …………………………………………………28

　　二、开花物候调查 …………………………………………………30

　　三、花粉活力和柱头可授性分析 …………………………………31

　　四、昆虫访花行为 …………………………………………………33

　　五、交配系统与种子传播机制 ……………………………………34

　参考文献 ……………………………………………………………36

第三章　秦岭石蝴蝶遗传多样性分析 …………………………………38

　第一节　遗传多样性指数分析 ………………………………………39

　　一、采样与基因组 DNA 提取 ·· 39

　　二、遗传多样性指数分析 ·· 39

　　三、居群间的遗传分化 ·· 41

　第二节　遗传背景与濒危关系分析 ·· 44

　　一、遗传多样性低可能导致濒危 ·· 44

　　二、其他因素干扰可能导致濒危 ·· 45

　参考文献 ·· 45

第四章　秦岭石蝴蝶人工繁育技术研究 ·· 47

　第一节　无性快速繁殖技术 ·· 47

　　一、扦插繁殖技术 ·· 47

　　二、分株繁殖技术 ·· 48

　　三、叶片离体组织培养技术 ·· 49

　第二节　有性繁殖技术 ·· 54

　　一、人工辅助授粉技术 ·· 54

　　二、种子繁殖技术 ·· 55

　参考文献 ·· 56

第五章　秦岭石蝴蝶苗圃育苗与驯化技术 ······································ 57

　第一节　秦岭石蝴蝶人工繁育与驯化基地建设要点 ······················ 57

　　一、基地选址要求 ·· 57

　　二、基地设施建设 ·· 58

　　三、苗圃规划和分区 ·· 59

　　四、苗圃培养基质配制 ·· 59

　第二节　苗圃管理技术 ·· 60

　　一、营养生长期管理 ·· 60

　　二、繁殖期生长管理 ·· 61

　　三、越冬期驯化管理 ·· 61

　　四、苗圃档案管理 ·· 61

　参考文献 ·· 61

第六章　人工繁育秦岭石蝴蝶花器变异研究 ···································· 63

　第一节　秦岭石蝴蝶花器变异类型分析 ···································· 64

一、花冠数目变异 ··· 64

二、花萼数目变异 ··· 66

三、雄蕊数目变异 ··· 66

四、花梗分枝及苞片数目变异 ··· 68

五、原因探讨 ·· 70

第二节　花器官数量变异相关性及影响因素分析 ····················· 71

一、花器官变异相关性分析及模型构建 ·································· 71

二、环境因素影响花器变异与验证 ·· 73

第三节　基于转录组分析花瓣数目变异机制 ··························· 74

一、花苞变异形态与测序分析 ··· 75

二、差异基因与代谢通路分析 ··· 75

三、几个关键基因的表达情况分析 ·· 76

参考文献 ··· 76

第七章　秦岭石蝴蝶野外回归技术研究 ···································· 78

第一节　秦岭石蝴蝶野外回归地选择 ···································· 79

一、野外回归地选择依据 ··· 79

二、野外回归地选择分析 ··· 80

第二节　秦岭石蝴蝶野外回归实施 ······································· 82

一、野外回归种苗来源 ··· 82

二、野外回归时间点考虑 ··· 83

三、野外回归幼苗采样、运输与移栽 ····································· 84

四、野外回归种群的监测 ··· 84

五、野外回归成效评估 ··· 85

六、野外回归总结与展望 ··· 87

参考文献 ··· 87

第八章　秦岭石蝴蝶濒危机制探讨与保护策略 ·························· 89

第一节　秦岭石蝴蝶濒危机制探讨 ······································· 90

一、外部因素的影响 ·· 90

二、内部因素的影响 ·· 93

第二节　秦岭石蝴蝶保护策略探讨 ………………………………………… 95

　　一、严格开展就地保护 ………………………………………………… 96

　　二、积极开展迁地保护研究 …………………………………………… 97

　　三、积极开展野外回归研究 …………………………………………… 99

　　四、加强秦岭石蝴蝶濒危机制研究 ………………………………… 100

　　五、完善濒危植物物种保护政策法规和行动计划 ………………… 101

　　六、"地方政府重视+校地合作+社会参与"保护模式探讨 ………… 102

参考文献 …………………………………………………………………… 105

第九章　秦岭石蝴蝶的研究价值与应用开发 ………………………… 107

第一节　秦岭石蝴蝶研究价值 …………………………………………… 108

　　一、生态价值 …………………………………………………………… 108

　　二、观赏价值 …………………………………………………………… 109

第二节　秦岭石蝴蝶应用开发 …………………………………………… 111

　　一、观赏性开发 ………………………………………………………… 111

　　二、文化创意产品的研发及推广 …………………………………… 111

　　三、秦岭石蝴蝶保护科普宣传 ……………………………………… 113

参考文献 …………………………………………………………………… 114

第十章　秦岭石蝴蝶研究进展与展望 ………………………………… 115

　　一、研究资料分析 …………………………………………………… 115

　　二、近期取得的成果 ………………………………………………… 116

　　三、展望 ……………………………………………………………… 118

图版

第一章　我国极小种群野生植物保护研究概况

由于全球气候变化与人类活动对环境的影响，全球生物多样性面临着严峻挑战。据《中国生物多样性国情研究报告》估计，与其他国家相比，中国生物多样性受到的威胁更为严重，已有总物种数 15%～20%的动植物种类受到威胁，高于世界 10%～15%的水平，急需开展保护工作。2008 年中国为完成国际植物保护战略发布了《中国植物保护战略》，目标是使中国约 10%受威胁物种能够回归原生境（傅立国和金鉴明，1992）。2021 年 10 月 12 日，习近平主席在《生物多样性公约》第十五次缔约方大会领导人峰会上宣布，本着统筹就地保护与迁地保护相结合的原则，启动北京、广州等国家植物园体系建设，拉开了国家植物园体系建设序幕。2021 年 10 月 19 日，中共中央办公厅、国务院办公厅印发了《关于进一步加强生物多样性保护的意见》，明确了新时期进一步加强生物多样性保护的新目标、新任务，为各部门、各地区开展生物多样性保护工作提供了前进方向。随着中国国际地位的提升，中国的环境保护行动也正变得越来越有影响力，中国的自然保护事业将造福世界。在此背景下，世界植物保护行动可以通过以中国极小种群野生植物保护为代表的项目，关注稀有物种的长远未来。通过确保这些极小种群野生植物的零灭绝，中国彰显出对全球生物多样性负责任的大国形象（Crane，2020），也为其他国家野生植物保护提供了宝贵经验。"昆明-蒙特利尔全球生物多样性框架"提出"3030 目标"，即到 2030 年保护全球至少 30%的陆地和海洋。目前中国各级各类自然保护地已覆盖陆域国土面积达 18%，但距 30%的目标仍有差距，急需识别更多优先保护地。

极小种群野生植物（plant species with extremely small populations，PSESP）是为了"抢救性保护"我国面临高度灭绝风险的野生植物、指导我国生物多样性保护、服务于国家生态文明建设而提出来的保护生物学领域的新概念。该概念的提出引起了国际保护生物学领域的广泛关注。国家在"十三五"期间启动实施了极小种群野生植物拯救保护工作。《中华人民共和国国民经济和社会发展第十四个五年规划和 2035 年远景目标纲要》第三十七章"提升生态系统质量和稳定性"第三节"健全生态保护补偿机制"的专栏 14"重要生态系统保护和修复工程",明确把 50 种极小种群植物纳入重要生态系统保护和修复工程中。极小种群野生植物的拯救保护是一项科学性强、技术性和专业性高、周期长的系统工程。"抢救性保护"与"系统研究"并重是科学拯救保护极小种群野生植物的途径。

第一节　极小种群野生植物概述

一、极小种群野生植物概念提出的背景

近年来,中国虽然在生物多样性保护方面取得了一系列成就,但由于全球气候的恶劣变化及人类对自然环境的破坏和对资源的不断索取,使一些野生植物仍面临巨大的灭绝风险。早在 20 世纪 80 年代,我国就引入世界自然保护联盟(IUCN)濒危物种红色名录的评估体系,开展了受威胁物种的评估工作,先后出版了《中国植物红皮书:稀有濒危植物(第一册)》(傅立国和金鉴明,1992)和《中国物种红色名录(第一卷)》(汪松和解焱,2004)。1999 年国务院批准了《国家重点保护野生植物名录(第一批)》,其中所列种类均受到法律的保护。近年,生态环境部和中国科学院又联合发布了《中国生物多样性红色名录:高等植物卷》评估报告,其采用 IUCN 濒危物种红色名录等级和标准(2001 年 3.1 版)对 34 450 种高等植物进行了评估,结果显示有 3767 种(约 11%)受到不同程度的威胁。尽管当前对受威胁物种等级的划分多参考 IUCN 的标准,按照物种种群分布、野外生境和威胁因素等方面的信息来评估推测,但世界各国如何确定符合本国国情并满足政府决策需求的、急需优先开展系统研究与采取保护行动的类群,无疑仍是一个巨大的挑战。

栖息地的退化和破碎化已经使得许多物种的种群规模减小到临界水平。理论预测和实证证据均表明,小种群的灭绝风险高于大种群。只有了解"小种群"的形成原因,才能制定相应的解决方案,保持种群生存能力、防止种群灭绝。2005 年云南省林业厅组织专家编制了《云南省特有野生动植物极小种群保护工程项目建议书》,该项目建议书首次提到了"野生动植物极小种群",但并未对其概念给出定义。2009 年 12 月云南省林业厅和云南省科学技术厅联合组织编制《云南省

极小种群物种拯救保护规划纲要（2010—2020）和紧急行动计划（2010—2015）》，其中明确地对包括动物和植物在内的"极小种群物种"进行了定义，但当时的概念中并没有"野生"二字。2010 年 8 月，国家林业局组织编制《全国极小种群野生植物拯救保护实施方案（2011—2015）》，其中首次使用"极小种群野生植物"的术语，但在实施方案中未对其概念进行具体的说明和阐述。中国科学院昆明植物研究所孙卫邦研究员，对该实施方案进行了修改和补充，并基于"极小种群物种"的概念，明确定义了极小种群野生植物（孙卫邦等，2019）。2012 年 4 月 18日，国家林业局、国家发展改革委联合下发通知，要求各地区根据《全国极小种群野生植物拯救保护工程规划（2011—2015 年）》，制定本地区实施方案，切实采取有效措施，全面推进极小种群野生植物拯救保护工作。该规划确定将 120 种极小种群野生植物作为工程一期拯救保护对象，开展拯救保护试点，为期 5 年。120种极小种群野生植物中，有国家一级重点保护野生植物 36 种、国家二级重点保护野生植物 26 种、省级重点保护野生植物 58 种。2013 年 7 月《云南省极小种群野生植物保护实践与探索》出版，对极小种群野生植物的概念、特点进行了详细的介绍、论述，并以部分物种的保护实践对保护方法进行了探索（孙卫邦，2013）。自极小种群野生植物这一概念提出以来，行政主管部门与科学界进行了紧密合作，为我国植物多样性的保护和发展提供了契机（杨文忠等，2015）。2016 年，国际期刊 *Plant Diversity* 发表了极小种群野生植物保护研究专辑，包括种子及孢子保存、遗传多样性与遗传结构、繁殖生物学、传粉生物学、种子散布等极小种群野生植物的研究文章，初步探明了一些物种的致危原因，提出了相应的保护建议和措施（Sun，2016）。2019 年 6 月，科学出版社出版了《云南省极小种群野生植物研究与保护》，对极小种群野生植物的概念形成和发展、相关政策和规划的历史沿革、云南省对极小种群野生植物的保护成效进行了全面和详细的总结、归纳与评述（孙卫邦等，2019）。

二、极小种群野生植物的概念及认定

极小种群野生植物（PSESP），指分布地域狭窄或呈间断分布，长期受到外界因素干扰而呈现出种群退化，种群及个体数量极少，已经低于稳定存活界限而随时濒临灭绝的野生植物。有些学者也把极小种群野生植物翻译为"wild plant with extremely small populations"（WPESP），更加突出了"野生"的特点。极小种群野生植物的主要特征之一是种群退化和数量持续减少，种群大小低于稳定存活界限的最小可生存种群（minimum viable population，MVP，指某一物种具有99%概率存活1000年的最小种群数量），随时濒临灭绝（Ma et al.，2013；孙卫邦，2013）。稳定存活界限是指某一物种在一个特定的时间内能稳定健康地生存所需的最小有效种群大小（个体数量），这是一个种群数量的阈值，低于这个阈值，种群会逐渐趋向灭绝（孙卫邦，2013）。需要进一步指出的是，极小种群野生植物不包括自然稀有种，外界干扰（如人为对目标物种过度采集及对生境的破坏）是判断某个物种是否被列入极小种群野生植物的必要条件。

在认定极小种群野生植物时，需要考虑以下几个关键的因素（许玥和臧润国，2022）：①优先性（priority），是需要优先保护的类群；②紧迫性（emergency），是急切需要开展保护的类群；③抢救性（rescue），重在实施抢救性保护行动；④种群（population）层面，基于有效群体大小（effective population size，N）（Frankham，1995）、MVP等保护生物学理论；⑤人为干扰（interference），这些物种不包括自然稀有种；⑥定量提出纳入抢救性保护物种的种群大小的指导性标准，即物种成熟个体数小于5000株和每个种群成熟个体数不超过500株，重点是成熟个体数少于1000株，特别是个体数不超过100株的种类（Sun，2016；孙卫邦等，2019）。此外，极小种群野生植物还应具有以下特点：①野外种群数量极少、极度濒危、随时有灭绝危险的野生植物；②生境要求独特、生态幅狭窄的野生植物；③潜在基因价值不清楚，其灭绝将引起基因流失、生物多样性降低、社会经济价值损失巨大的种群相对较小的野生植物（臧润国，2020a）。

依据全国重点保护野生植物调查和相关专项的调查结果及国家林业局、国家发展改革委联合下发的《全国极小种群野生植物拯救保护工程规划（2011—2015年）》，提出了一期优先保护的极小种群野生植物共120种（表1.1），其中野外株数在10株以下的有9种，10~99株的有29种，100~999株的有46种，而54种只有1个分布点，22种仅存2个分布点（孙卫邦，2013）。这其中包含36种国家一级重点保护野生植物，26种国家二级重点保护野生植物。秦岭地区特有的苦苣苔科植物秦岭石蝴蝶就属于120种优先保护的极小种群野生植物之一。

表 1.1　《全国极小种群野生植物拯救保护工程规划（2011—2015 年）》中优先保护的
极小种群野生植物名录

序号	中文名	拉丁名	保护等级	分布点	株数	分布区
1	光叶蕨	*Cystoathyrium chinense*	I	1	1 000	四川天全二郎山鸳鸯岩至团牛坪
2	四川苏铁	*Cycas szechuanensis*	I	1	50	福建三明
3	灰干苏铁	*Cycas hongheensis*	I	2	100	云南个旧保和
4	闽粤苏铁	*Cycas taiwaniana*	I	2	500	福建诏安
5	长叶苏铁	*Cycas dolichophylla*	I	5	5 000	云南河口、屏边、文山、马关；广西德保
6	葫芦苏铁	*Cycas changjiangensis*	I	2	5 000	海南昌江
7	德保苏铁	*Cycas debaoensis*	I	3	1 200	广西德保、那坡
8	十万大山苏铁	*Cycas shiwandashanica*	I	2	5 000	广西十万大山
9	叉叶苏铁	*Cycas bifida*	I	5	3 000	广西龙州、宁明、凭祥；云南河口、个旧
10	滇南苏铁	*Cycas diannanensis*	I	2	2 000	云南红河
11	多歧苏铁	*Cycas multipinnata*	I	5	1 200	云南个旧、屏边、金平、河口
12	仙湖苏铁	*Cycasfairylakea*	I	4	1 500	广东深圳、曲江、连州、江门
13	百山祖冷杉	*Abies beshanzuensis*	I	1	3	浙江庆元
14	元宝山冷杉	*Abies yuanbaoshanensis*	I	1	589	广西融水
15	资源冷杉	*Abies ziyuanensis*	I	7	1 979	江西井冈山；湖南城步、新宁、东安、道县、炎陵；广西资源
16	银杉	*Cathaya argyrophylla*	I	7	4 484	湖南桂东、新宁、资兴、城步；重庆南川、武隆；贵州道真；广西龙胜、金秀
17	水松	*Glyptostrobus pensilis*	I	18	285	广东、福建、江西东部、湖南南部、广西南部、云南东南部
18	大别山五针松	*Pinus dabeshanensis*	II	5	378	安徽西南部岳西及金寨，湖北东部英山及罗田，以及河南东南部商城
19	毛枝五针松	*Pinus wangii*	II	3	87	云南西畴、马关、麻栗坡
20	巧家五针松	*Pinus squamata*	I	1	32	云南巧家
21	西昌黄杉	*Pseudotsuga xichangensis*	II	1	6	四川西昌泸山
22	东北红豆杉	*Taxus cuspidata*	I	18	42 700	辽宁本溪、桓仁、新宾、宽甸、清原；吉林汪清、和龙、柳河、集安、通化、敦化、临江、辉南、磐石、桦甸、浑江；黑龙江鸡西鸡东、牡丹江宁安

续表

序号	中文名	拉丁名	保护等级	分布点	株数	分布区
23	喜马拉雅密叶红豆杉	*Taxus fuana*	I	1	34 000	西藏吉隆县吉隆镇
24	水杉	*Metasequoia glyptostroboides*	I	3	5 681	湖北利川、重庆石柱、湖南龙山
25	朝鲜崖柏	*Thuja koraiensis*	II	2	2 582	吉林长白、安图、抚松
26	崖柏	*Thuja sutchuenensis*	—	2	4 500	重庆城口、开州
27	喙核桃	*Annamocarya sinensis*	—	19	472	湖南西南部通道；广西凌云、西林、隆林、三江、巴马、东兰、罗城、南丹、龙胜、永福；贵州南部望谟、三都、罗甸、荔波；云南富宁、西畴、麻栗坡、广南
28	盐桦	*Betula halophila*	II	2	282	新疆阿勒泰、博乐
29	普陀鹅耳枥	*Carpinus putoensis*	I	1	1	浙江舟山
30	天台鹅耳枥	*Carpinus tientaiensis*	II	1	16	浙江天台
31	天目铁木	*Ostrya rehderiana*	I	1	5	浙江临安
32	长序榆	*Ulmus elongata*	II	13	1 430	浙江临安、金华、开化、遂昌、松阳、庆元；安徽祁门、休宁、黄山；福建延平；江西黎川、武宁、铜鼓
33	单性木兰	*Kmeria septentrionalis*	I	3	4 288	广西罗城、环江；贵州荔波
34	宝华玉兰	*Magnolia zenii*	II	1	34	江苏句容
35	落叶木莲	*Manglietia decidua*	I	1	1 666	江西袁州
36	华盖木	*Manglietiastrum sinicum*	I	1	18	云南西畴、马关
37	峨眉含笑	*Michelia wilsonii*	II	10	2 000	四川都江堰、什邡、荥经、峨眉山、洪雅、峨边、沐川、古蔺
38	峨眉拟单性木兰	*Parakmeria omeiensis*	I	1	20	四川峨眉山
39	观光木	*Tsoongiodendron odorum*	—	55	6 548	福建、江西、湖南、广东、广西、海南、贵州、云南
40	蕉木	*Chieniodendron hainanense*	—	6	1 500	海南白沙、琼中、乐东、陵水、文昌、三亚
41	海南风吹楠	*Horsfieldia hainanensis*	II	7	1 481	广西西南部，宁明、龙州、防城等地沿左江流域及沿海；海南中部霸王岭、五指山等，昌江、万宁、陵水、琼中
42	滇南风吹楠	*Horsfieldia tetratepala*	II	3	4 101	云南金平、河口、绿春
43	云南肉豆蔻	*Myristica yunnanensis*	II	1	1 074	云南勐腊

续表

序号	中文名	拉丁名	保护等级	分布点	株数	分布区
44	五裂黄连	*Coptis quinquesecta*	—	1	1 800	云南金平
45	狭叶坡垒	*Hopea chinensis*	I	4	5 162	广西宁明、上思、防城、龙州
46	坡垒	*Hopea hainanensis*	I	4	89 300	海南乐东、白沙、琼中
47	广西青梅	*Vatica guangxiensis*	II	1	65	广西那坡
48	凹脉金花茶	*Camellia impressinervis*	—	2	312	广西龙州、大新
49	顶生金花茶	*Camellia pingguoensis* var. *terminalis*	—	2	2 089	广西天等、龙州
50	毛瓣金花茶	*Camellia pubipetala*	—	2	278	广西隆安、大新
51	猪血木	*Euryodendron excelsum*	—	1	40	广东阳春
52	银缕梅	*Parrotia subaequalis*	I	4	8 245	安徽绩溪、舒城；江苏宜兴；浙江安吉
53	河北梨	*Pyrus hopeiensis*	—	1	200	河北昌黎县十里铺乡燕山
54	缘毛太行花	*Taihangiarupestris* var. *ciliata*	—	2	800	河北武安、涉县
55	绒毛皂荚	*Gleditsia japonica* var. *velutina*	II	1	2	湖南衡山
56	紫檀	*Pterocarpus indicus*	II	2	36	云南河口、景洪、勐仑
57	海南假韶子	*Paranephelium hainanensis*	—	1	83	海南三亚
58	梓叶槭	*Acer catalpifolium*	II	5	53	四川都江堰、峨眉山、雷波、筠连、北川
59	庙台槭	*Acer miaotaiense*	—	3	24	陕西佛坪、眉县、平利
60	羊角槭	*Acer yangjuechi*	II	1	4	浙江临安
61	云南金钱槭	*Dipteronia dyeriana*	II	4	1 807	云南屏边、蒙自、文山、富宁
62	扣树	*Ilex kaushue*	—	5	227	广西大新、宁明、隆安；广东清新、大埔
63	膝柄木	*Bhesa sinensis*	I	2	16	广西南康、江平
64	小勾儿茶	*Berchemiella wilsonii*	—	4	81	湖北竹溪、保康、五峰、房县
65	滇桐	*Craigia yunnanensis*	II	5	65	云南西畴、马关、麻栗坡、芒市、陇川、墨江
66	广西火桐	*Erythropsis kwangsiensis*	II	1	3	广西靖西
67	丹霞梧桐	*Firmiana danxiaensis*	II	1	4	广东仁化

续表

序号	中文名	拉丁名	保护等级	分布点	株数	分布区
68	景东翅子树	*Pterospermum kingtungense*	II	1	25	云南景东
69	海南海桑	*Sonneratia × hainanensis*	—	1	30	海南文昌
70	萼翅藤	*Calycopteris floribunda*	I	1	1 403	云南德宏盈江县那邦坝至红崩河镇沿羯羊河左岸
71	红榄李	*Lumnitzera littorea*	—	2	962	海南陵水、三亚
72	喜树	*Camptotheca acuminata*	II	2	71	云南景洪
73	云南蓝果树	*Nyssa yunnanensis*	I	1	37	云南普文
74	大树杜鹃	*Rhododendronprotistum var. giganteum*	—	1	3 750	云南腾冲、泸水、贡山
75	紫荆木	*Madhuca pasquieri*	II	22	6 429	广东连州、阳山；广西宁明、浦北、防城、合浦、灵山、东兴、上思、容县、陆川、博白、平南、北流、桂平、苍梧、岑溪、藤县金鸡
76	长果安息香	*Changiostyrax dolichocarpus*	II	2	441	湖南石门、桑植
77	黄梅秤锤树	*Sinojackia huangmeiensis*	—	1	867	湖北黄梅
78	细果秤锤树	*Sinojackia microcarpa*	—	1	235	浙江临安、建德
79	异形玉叶金花	*Mussaenda anomala*	I	4	59	贵州从江县加鸠镇、黎平县岩洞镇、榕江县乐里镇、荔波县
80	瑶山苣苔	*Dayaoshania cotinifolia*	I	1	9 600	广西金秀
81	弥勒苣苔	*Paraisometrum mileense*	—	1	740	云南石林
82	秦岭石蝴蝶	*Petrocosmea qinlingensis*	II	1	5	陕西勉县
83	报春苣苔	*Primulina tabacum*	I	1	2 320	广东连州星子镇上柏场村
84	海南石豆兰	*Bulbophyllum hainanense*	—	3	500	海南保亭、陵水、琼中
85	大黄花虾脊兰	*Calanthe sieboldii*	—	1	50	湖南新宁
86	牛角兰	*Ceratostylis hainanensis*	—	4	500	海南保亭、陵水、昌江、乐东
87	独占春	*Cymbidium eburneum*	—	4	200	海南三亚、乐东、陵水、昌江
88	美花兰	*Cymbidium insigne*	—	4	500	海南琼中、保亭、陵水、定安
89	文山红柱兰	*Cymbidium wenshanense*	—	1	20	云南马关
90	玉龙杓兰	*Cypripedium forrestii*	—	3	200	云南丽江；四川康定

续表

序号	中文名	拉丁名	保护等级	分布点	株数	分布区
91	丽江杓兰	*Cypripedium lichiangense*	—	5	200	云南丽江、大理；四川泸定
92	斑叶杓兰	*Cypripedium margaritaceum*	—	5	200	四川盐源；云南丽江、香格里拉
93	小花杓兰	*Cypripedium micranthum*	—	1	400	四川松潘
94	巴郎山杓兰	*Cypripedium palangshanense*	—	2	115	四川小金、九寨沟
95	暖地杓兰	*Cypripedium subtropicum*	—	1	150	云南西畴
96	昌江石斛	*Dendrobium changjiangense*	—	5	500	海南三亚、保亭、东方、昌江、乐东
97	海南石斛	*Dendrobium hainanense*	—	2	200	海南三亚、乐东
98	霍山石斛	*Dendrobium huoshanense*	—	1	10	安徽霍山县太平畈乡
99	华石斛	*Dendrobium sinense*	—	4	500	海南保亭、乐东、白沙、琼中
100	梳唇石斛	*Dendrobium strongylanthum*	—	2	200	海南乐东、昌江
101	五唇兰	*Doritis pulcherrima*	—	4	500	海南三亚、乐东、昌江、陵水
102	五脊毛兰	*Eria quinquelamellosa*	—	1	200	海南琼中
103	黄绒毛兰	*Eria tomentosa*	—	3	500	海南三亚、陵水、临高
104	镰叶盆距兰	*Gastrochilus acinacifolius*	—	4	300	海南陵水、琼中、琼海、定安
105	合欢盆距兰	*Gastrochilus rantabunensis*	—	1	200	湖南新宁
106	贵州地宝兰	*Geodorum eulophioides*	—	1	400	广西乐业
107	峨眉槽舌兰	*Holcoglossum omeiense*	—	1	100	四川峨眉山
108	滇西槽舌兰	*Holcoglossum rupestre*	—	1	200	云南香格里拉
109	象鼻兰	*Nothodoritis zhejiangensis*	—	1	400	浙江天目山
110	杏黄兜兰	*Paphiopedilum armeniacum*	—	4	500	云南福贡、保山
111	白花兜兰	*Paphiopedilum emersonii*	—	2	70	贵州荔波；广西环江
112	瑰丽兜兰	*Paphiopedilum gratrixianum*	—	1	50	云南文山
113	巧花兜兰	*Paphiopedilum helenae*	—	1	35	广西那坡
114	白旗兜兰	*Paphiopedilum spicerianum*	—	1	10	云南思茅

续表

序号	中文名	拉丁名	保护等级	分布点	株数	分布区
115	天伦兜兰	*Paphiopedilum tranlienianum*	—	1	100	云南文山
116	文山兜兰	*Paphiopedilum wenshanense*	—	1	150	云南文山
117	海南鹤顶兰	*Phaius hainanensis*	—	1	100	海南五指山
118	罗氏蝴蝶兰	*Phalaenopsis lobbii*	—	2	50	广西靖西、大新
119	海南大苞兰	*Sunipia hainanensis*	—	1	300	海南琼中黎母山
120	芳香白点兰	*Thrixspermum odoratum*	—	1	100	海南昌江

注：表中物种保护等级参考国务院 1999 年 8 月 4 日批准的《国家重点保护野生植物名录（第一批）》（https://www.gov.cn/gongbao/content/2000/content_60072.htm）；表中"—"表示未收录于该名录

三、极小种群野生植物概念提出的意义

极小种群野生植物概念的提出及其拯救保护工程的实施在我国野生植物保护中具有里程碑式的意义，主要体现在 3 个方面：首先，其确定了野生植物保护的重点目标。保护优先种的确定是野生植物保护的难点之一。我国需要保护的野生植物种类众多，此前保护管理部门只能针对所有的重点保护植物和珍稀濒危植物进行宏观的保护管理与规划，难以针对特定的物种开展深入具体的保护行动（杨文忠等，2015）。其次，其革新了野生植物保护的理念和方法。PSESP 提出了以种群为基本保护单元的理念和方法，强调保护的实质是对野生植物种群数量、结构和动态等的调节与管理（杨文忠等，2015）。这一概念也促进了种群生态学、生殖生物学、生物遗传学和保护生物学等相关学科的发展（Ren et al.，2012），多学科相互交叉和渗透的综合性研究也能促进基础理论及应用技术研究更好地服务于我国野生植物保护实践（臧润国等，2016a）。最后，其改变了野生植物保护策略。以前我国的野生植物保护以法律法规、行政手段和宣传教育等为主要策略，而 PSESP 的概念强调了植物种群生态学原理和方法在保护实践中的应用（周云等，2012），并发展了很多适用于 PSESP 的保护策略和技术，如 PSESP 天然种群的就地保护、近地保护、保护小区，PSESP 种群恢复和重建等（任海等，2014）。因此，极小种群野生植物概念的提出与保护实践，在一定程度上推动了我国植物物种多样性的保护进程，正在影响着我国乃至全球受威胁植物的综合研究与保护实践。

四、极小种群野生植物与濒危植物的联系

长期以来，人们对"濒危物种"这个概念比较熟悉，这可能与世界自然保护联盟（IUCN）在 1978 年首次出版的涵盖 89 个国家和地区 250 种植物的《世界自然保护联盟濒危物种红色名录》，并开始推动世界各国对稀有濒危植物的关注和保护有关。为了确认我国珍稀濒危植物的资源现状，中国在 20 世纪 80 年代起就编制植物濒危红色名录，包括《中国珍稀濒危保护植物名录（第一册）》（1987 年）、《中国植物红皮书：稀有濒危植物（第一册）》（1992 年）、《中国物种红色名录（第一卷）》（2004 年）。经过多年的发展，历经 8 次修订后，世界自然保护联盟于 2000 年 2 月通过了《世界自然保护联盟物种红色名录濒危等级和标准》（2001 年 3.1 版），这一评定标准目前已被世界各国广泛采用。濒危物种（endangered species）通常是指由于物种自身原因或者受到人类活动或自然灾害影响而有灭绝危险的所有生物种类。《濒危野生动植物种国际贸易公约》（CITES）附录中所列的濒危物种是指由于国际贸易而可能灭绝的物种，而《中国植物红皮书：稀有濒危植物（第一册）》对濒危物种的定义为物种在其分布的全部或显著范围内随时有灭绝的危险，通常生长稀疏，个体数和种群数低，且分布区域高度狭窄，由于栖息地丧失、破坏或过度开采等原因，其生存濒危。濒危概念和等级之间并没有明确的界限，在开展珍稀濒危植物保护时，很多工作开展难度较大。随着时间的推进和植物生存条件的改变，上述名录已难以满足当前我国生物多样性保护和可持续利用需求。考虑到每个物种濒危的起因不尽相同，并有可能与其生活史联系在一起，因此濒危植物的保护策略需要因种而异。

在保护的操作层面和法律的保护层面上，1999 年国务院批准的《国家重点保护野生植物名录（第一批）》更加具有可操作性和合法性。因此，在过去的几十年，我国在不断地调整该名录的内容和重点保护野生植物名单。最近的一次调整在 2021 年 9 月，经国务院批准，国家林业和草原局与农业农村部颁布了新的《国家重点保护野生植物名录》，共 455 种和 40 类，其中包括国家一级重点保护野生植物 54 种和 4 类，国家二级重点保护野生植物 401 种和 36 类。2002 年，《生物多样性公约》缔约方大会通过了《全球植物保护战略》，它标志着系统性的全球植物保护工作的全面开始。因此，世界各国也在提出或研究符合本国国情的濒危植物保护策略。极小种群野生植物概念的提出，也是基于中国长期在野生植物保护

实践过程中的经验总结和行动规划。极小种群野生植物是在特殊地区的特定环境下长期形成的,由于种群数量急剧下降,低于稳定存活界限的最小可生存种群,难以维系其正常繁衍而濒临灭绝的种类。PSESP 的概念自提出后在中国各级政府部门和公众中的认知度越来越高,目前在国家和地区层面也实施了多项 PSESP 保护战略和行动。

另外,濒危物种和极小种群野生植物在进行保护的过程中并不矛盾。例如,在最新的《国家重点保护野生植物名录》中,中国特有的纳入一级保护的极小种群野生植物有 33 种(http://www.iplant.cn/rep/protlist)。《全国极小种群野生植物拯救保护工程规划(2011—2015 年)》提出的 120 种优先保护的极小种群野生植物中包含 36 种国家一级重点保护野生植物,26 种国家二级重点保护野生植物,58 种省级重点保护野生植物,这表明极小种群野生植物范围内不仅包括国家一级和二级重点保护野生植物,还包括一些省级重点保护野生植物,当然也有一些国家一级重点保护野生植物并不在极小种群野生植物的保护范围,如人工繁育或栽培种群数量比较大的物种银杏(*Ginkgo biloba*)、水杉(*Metasequoia glyptostroboides*)、东北红豆杉(*Taxus cuspidata*)等,因为极小种群野生植物更加强调野生植物。

尽管中国在极小种群野生植物保护方面已经取得了一些研究进展,但我们必须认识到,极小种群野生植物由于其种群数量小、面临胁迫大及繁殖困难等固有特点,以往的保护理论和方法并不完全适用。因此,希望看到更多的工作基于更广泛的学科领域,在极小种群野生植物发育生物学、繁殖生态学、种群遗传学、种群生态学和群落生态学等各个方面开展有针对性的长期观察、理论、实验和实践研究。

第二节　我国极小种群野生植物保护现状

极小种群野生植物强调"基于种群管理的物种保护"理念,运用植物种群生态学原理和方法针对明确的目标物种开展相应的保护实践(杨文忠等,2015)。此外,科学研究与管理实施之间的脱节一直被认为是中国生物多样性保护的系统障碍之一。极小种群野生植物保护过程中特别强调科学研究要与拯救保护实践相接轨,能够促进植物地理学、种群生态学、生殖生物学和保护生物学等相关学科的融合。

一、国家极小种群野生植物保护实践

生物多样性使地球充满生机，是人类赖以生存和发展的重要基础，是地球生命共同体的血脉和根基。生物多样性保护是生态系统质量和稳定性的重要体现、高质量发展的重要标志、生态安全的重要基础。极小种群野生植物概念的提出及其拯救保护工程的实施对我国野生植物保护理念的转变影响深远。由于我国需要保护的野生植物种类众多，此前保护管理部门只能针对珍稀濒危植物进行宏观的保护管理和规划，出台了大量的法律法规（表 1.2）。1997～2003 年和 2012～2018年国家林业局组织相关科研人员，开展了 2 次全国大规模的野生植物资源调查，为修订《国家重点保护野生植物名录》和今后开展野生植物保护工作提供了重要科学依据。其中第二次全国性野生植物资源的调查以省级行政区为调查总体，以县级行政区为调查单元，由保护机构、科研院所、高等院校等专业部门组成调查队伍，采取实测法或典型抽样法和系统抽样法，对我国最受关注的 283 种野生植物（其中国家一级重点保护野生植物 56 种、国家二级重点保护野生植物 191 种）的种群数量、分布情况、生境特征、受威胁程度和就地保护现状等进行了全面调查。完成调查样线 6500 余条超过 3.8 万 km，调查主样方和实测样方 10 万余个。调查显示，根据现存野外植株数量，可将 283 个调查物种划分为 3 个等级：一为野外未发现的物种，有 3 种。二为野外仅存 1～5000 株的物种，共 98 种。就种群数量而言，通常认为在自然状况下，拥有 5000 个以上成熟个体的种群才是可以稳定存活的物种，上述 98 个物种已经低于这个界限，占调查物种数的 34.6%，而且这些物种分布零星或者分布区域极为狭窄，严重濒临灭绝。三为 5000 株以上的物种，共 182 种，这些物种较仅存 5000 株以下的物种而言，基本可以稳定存活，但仍需加强保护。调查表明，78.96% 的野生植物种群及其生境面临不同程度的人为干扰，干扰方式主要包括采集、放牧、开荒、工矿开发、工程建设等，其中 17.28%的野生植物种群及其生境受干扰程度为强，28.84% 的受干扰程度中等，53.88% 的受干扰程度较低。综合分析调查结果，我国野生植物资源状况喜忧参半。可喜的是，与第一次调查有可比性的 54 种极小种群野生植物中，有 36 种野外种群数量稳中有升，占 67%。这主要得益于我国长期以来实施野生动植物保护和自然保护

表 1.2　我国在生物多样性保护方面的相关政策、法规、条例情况汇总

类别	名称
法律	《中华人民共和国野生动物保护法》
	《中华人民共和国野生植物保护条例》
	《中华人民共和国湿地保护法》
名录	《世界自然保护联盟濒危物种红色名录》
	《国家重点保护野生植物名录》
	《中国珍稀濒危保护植物名录（第一册）》
	《中国植物红皮书：稀有濒危植物（第一册）》
	《中国物种红色名录（第一卷）》
	《世界自然保护联盟物种红色名录濒危等级和标准》3.1 版
规划方案	《全国极小种群野生植物拯救保护工程规划（2011—2015 年）》
	《中国生物多样性保护战略与行动计划（2023—2030 年）》
	《长江生物多样性保护实施方案（2021—2025 年）》
公约	《生物多样性公约》
	昆明-蒙特利尔全球生物多样性框架
	《昆明宣言》
	《武汉宣言》
	《中国的生物多样性保护》白皮书

区建设工程与极小种群野生植物拯救保护工程，就地和迁地保护网络得以不断完善。同时也应该看到，我国的野生植物资源还面临着较大的威胁，98 个调查物种野外数量低于稳定存活界限，115 个调查物种群落面积不足 100hm²，部分物种天然更新缓慢，濒危程度高，极为脆弱；108 个调查物种面临由人为干扰造成的生境退化和破碎化，有 42 个调查物种由市场需求过大导致资源过度利用；有 69 个调查物种的野外种群完全未纳入就地保护或低于 10%，存在保护空缺。

　　2012 年 4 月，国家林业局和国家发展改革委联合下发了《全国极小种群野生植物拯救保护工程规划（2011—2015 年）》，明确提出了 120 种优先保护的极小种群野生植物，标志着极小种群野生植物拯救保护成为一项国家工程。2015 年生态环境部印发的《生态保护红线划定技术指南》中，将极小种群野生植物的生境纳

入生态红线划定范围。国家在"十三五"期间实施了极小种群野生植物拯救保护工程，取得了被国际社会广为关注的成效，在《中华人民共和国国民经济和社会发展第十四个五年规划和 2035 年远景目标纲要》中把极小种群野生植物纳入重要生态系统保护和修复工程专栏中的自然保护地及野生动植物保护地规划。此外，极小种群野生植物栖息地被纳入国家和有关省的生态红线划定方案中，中国通过像极小种群野生植物保护计划这种工程来保障珍稀植物的长期生存，正为地球做出有效和有意义的回赠，值得世界借鉴（Crane，2020）。

国家相关林业部门针对极小种群野生植物保护的操作层面制定了 8 个相关的行业标准，包括《极小种群野生植物保护与扩繁技术规范》（LY/T 2652—2016）（臧润国等，2016b）、《极小种群野生植物保护原则与方法》（LY/T 2938—2018）（杨文忠等，2018）、《极小种群野生植物保护技术标准综合体（第 1 部分）就地保护及生境修复技术规程》（LY/T 3086.1—2019）（臧润国等，2019a）、《极小种群野生植物保护技术标准综合体（第 2 部分）迁地保护技术规程》（LY/T 3086.2—2019）（臧润国等，2019b）、《极小种群野生植物野外回归技术规范》（LY/T 3185—2020）（李俊清等，2020）、《极小种群野生植物种质资源保存技术规程》（LY/T 3187—2020）（臧润国等，2020a）、《极小种群野生植物苗木繁育技术规程》（LY/T 3186—2020）（臧润国等，2020b）、《极小种群野生植物水松保护与回归技术规程》（LY/T 3259—2021）（文亚峰等，2021）。这些标准针对极小种群野生植物形成了一套全链条式的技术集成和示范体系。例如，我国近期提倡的近地保护方法已被认为是我国极小种群野生植物主要拯救性保护措施之一（许再富和郭辉军，2014）。中国科学院西双版纳热带植物园近地保护了 38 种国家重点保护植物，其中适应性良好的占总数的 92%，已开花结果的占 84%，这证明了近地保护是一种有效而资源投入较小的方法，这一结果也强调了植物园应注重当地区系成分植物的引种、栽培和保护。极小种群野生植物保护是一项全民性保护行动。中国绿色时报社与中国野生植物保护协会联合推出《中国极小种群野生植物图鉴》专题，系统集中介绍我国部分极小种群野生植物品貌特征及生存现状，以期引起全社会对极小种群野生植物的共同关注，加强科学拯救保护。

自极小种群野生植物概念提出，经过不断地研究、发展完善和保护实践，给濒危物种保护工作带来了全新的保护思路。这一崭新的保护理念在中国得到了各级政府部门和公众的广泛认可，国家及各省份均颁布了极小种群野生植物的保护规划和行动措施，各行政部门还制定了新的政策和法律法规来保护这些需要拯救的物种。极小种群野生植物保护项目将高质量的理论研究与实际的保护行动相结合，取得了较为成功的保护成果（Crane，2020）。虽然中国在极小种群野生植物保护方面已经取得了一些研究进展，但我们必须认识到，极小种群野生植物由于其种群数量小、面临胁迫大及繁殖困难等固有特点，以往的保护理论和方法并不完全适用。因此，希望看到更多的工作基于更广泛的学科领域，在极小种群野生植物发育生物学、繁殖生态学、种群遗传学、种群生态学和群落生态学等各个方面开展有针对性的长期观察、理论、实验和实践研究。

二、各省份极小种群野生植物保护实践

极小种群野生植物广泛分布于南方地区，在云南、广西和海南较多，而这些地区物种的受威胁程度也较高。据不完全统计，自实施极小种群野生植物拯救保护工程以来，很多省份（陕西、北京、新疆、黑龙江、广西、海南、四川、安徽、云南、贵州、福建、湖南、浙江、重庆）、地区（西藏林芝、广东河源、云南文山）和保护区（江西官山国家级自然保护区、海南霸王岭国家级自然保护区、浙江天目山国家级自然保护区、广东省连山壮族瑶族自治县大旭山市级森林生态自然保护区）等基于资源调查数据统计了当地的极小种群野生植物资源及保护现状。

云南地处青藏高原东南缘，大部分地区属横断山脉，是我国植物种类最丰富的省份，在我国生物多样性保护工作中地位特殊，甚至在全球生物多样性保护中都处在关键位置。云南拥有中国最多的极小种群野生植物种类，同时也是全国率先开展极小种群野生植物拯救保护的省份，有一批物种保护成功的典型案例，包括漾濞槭、西畴青冈、滇桐、毛果木莲、华盖木和杏黄兜兰等，它们在多样性保护中都具有特殊意义。在国家重点保护的野生植物中，云南省就有 122 种，占全国的 26.8%。因此，保护好云南省的野生植物资源，尤其是极小种群野生植物的拯救保护对全国物种资源的保护具有极为重要的意义。首先，2005 年云南省在物种保护工作报告中率先提出"野生动植物极小种群保护"这一概念，并最早制定了极小种群物种保护规划、行动计划及实施方案，之后该概念被国家林业和草原局认可并在后续开展的国家级、省级物种保护项目和工程中广泛使用。此外，《云南省极小种群野生植物保护实践与探索》（孙卫邦，2013）和《云南省极小种群野

生植物研究与保护》(孙卫邦等，2019)两本专著对极小种群野生植物的概念、特点、价值及保护意义进行了梳理和论述，总结了云南省在极小种群野生植物保护与研究方面的成果。2018年极小种群野生植物的保护被纳入《云南省生物多样性保护条例》中。2023年初，云南省林业和草原局会同省农业农村厅、省科技厅联合印发《云南省极小种群野生植物拯救保护规划（2021—2030年）》（以下简称《规划》），将《云南省极小种群野生植物保护名录（2022年版）》收录的共101种极小种群野生植物列为保护对象。通过《规划》的实施，云南将提升全社会对极小种群野生植物认识水平和关注度，初步形成以科技为先导和支撑，以法治建设和资金投入为保障，以就地保护为基础，以迁地保护和近地保护为依托的保护体系。实现70%极小种群野生植物物种的近地、迁地保护，完成50%极小种群野生植物物种的人工扩繁，20%极小种群野生植物物种的回归；积极消除物种致濒因素，减小其不利影响，实现101种极小种群野生植物物种种群数量的稳定和增长及生境的改善，确保其免于灭绝风险，达到拯救保护体系基本完善。另外，云南在极小种群物种保护组织和科研平台打造上也走在了前列。2014年12月27日，由云南省绿色环境发展基金会发起，联合阿拉善SEE基金会、云南参与式发展学会生物多样性专业委员会、云南省杨善洲绿化基金会、野生动物植物保护国际等在云南从事环保事业的组织和团体等，在昆明成立了"云南极小种群物种保护联盟"。联盟的成立改变了云南省动植物保护单打独斗的工作局面，为全国范围的极小种群保护提供了示范。联盟以"集中资源、凝聚力量、形成合力、广泛推动，保护好每一种极小种群物种及其栖息地"为使命，倡导建立政府与民间团体、科研机构、非政府组织、社区组织、志愿者之间的合作伙伴关系，开展跨界对话与交流，使多元化社会群体在极小种群保护方面达成共识。2017年12月，云南省科技厅批准依托中国科学院昆明植物研究所成立"云南省极小种群野生植物综合保护重点实验室"。实验室系统地研究了典型极小种群野生植物的种群形成、维持与可能的灭绝机制，并构建了种质资源保藏、种群保育及生境恢复的保护技术集成体系，成为我国极小种群野生植物综合保护的研究中心，为我国极小种群野生植物的种群恢复、生物多样性保育作出重要贡献。

目前云南省已建立了30个保护小区，保护了23个分布于保护区外的极小种群野生植物，使就地保护的极小种群野生植物物种数达到67种15万余株，保护了以五针白皮松（*Pinus squamata*）、云南金钱槭（*Dipteronia dyeriana*）、多歧苏铁

（*Cycas multipinnata*）、华盖木（*Pachylarnax sinica*）等为代表的一批典型极小种群野生植物。在云南省内的植物园、树木园或其他种质资源圃共繁殖栽培了 61 种极小种群野生植物 10 万余株，构建木本极小种群野生植物迁地保育种群 25 个，在中国西南野生生物种质资源库中保存了 20 种极小种群野生植物的种子 94 份、28 种极小种群野生植物的 DNA 材料 156 份。此外，2005 年云南省林业厅基于保护实践，提出了极小种群野生植物的"近地保护"（*near situ* conservation）方法，即在物种现有分布区/点附近选择气候、生境和群落相似的自然或半自然地段建立人工保护点（许再富和郭辉军，2014）。云南省通过对云南蓝果树（*Nyssa yunnanensis*）、华盖木（*Pachylarnax sinica*）、五针白皮松（*Pinus squamata*）、滇桐（*Craigia yunnanensis*）等 9 种极小种群野生植物开展了近地保护试验，发现近地保护种群的成活率和生长情况良好（孙卫邦等，2019）。云南省还在文山壮族苗族自治州、红河哈尼族彝族自治州、普洱市和大理市共建设了木本极小种群野生植物近地保护和回归试验研究基地 5 个，回归定植了极小种群野生植物 16 种 30 891 株，并开展 9 种 8855 株极小种群野生植物近地保护试验示范研究。云南省形成了一套集资源调查、就地保护、近地保护、迁地保护、种群增强与回归的极小种群野生植物综合保护体系，以及多渠道筹措或整合资金、技术培训与保护示范、科普宣传与知识传播等为一体的极小种群野生植物保护模式，实现了一批极小种群野生植物的抢救性保护，极大地推动了云南省过去十余年的生物多样性保护工作。发展至今，极小种群野生植物综合研究保护取得了很大进展，众多新物种、新记录种、新种群被发现，特别是那些已被宣布"灭绝"或"野外灭绝"的植物，如云南梧桐（*Firmiana major*）、弥勒苣苔（*Oreocharis mileensis*）、云南兰花蕉（*Orchidantha yunnanensis*）等。

在全国生物多样性保护工作中，陕西是不可或缺的重要部分。陕西作为中国地理版图的几何中心，由北向南涵盖陕北黄土高原、关中平原、陕南秦巴山区三大自然区域，是国家 17 个生物多样性关键区域和"秦巴生物多样性生态功能区"的重要组成部分，拥有国家大熊猫公园 1 个、自然保护区 43 个、国家植物园 1 个、自然公园 169 个。秦岭作为全球 34 个生物多样性热点地区之一，同时也是中国生物多样性最丰富的两个地区之一。秦岭是我国的中央水塔，南北气候的分界线，生物物种资源较丰富，秦岭范围内有种子植物 4600 余种，占全国总数的 18.78%，列入国家和省级重点保护名录的珍稀植物有 197 种，其中国家一级重点保护野生植物 8 种，包括红豆杉、南方红豆杉、象鼻兰、紫斑牡丹和曲茎石斛；国家二级重点保护野生植物 95 种，包括秦岭石蝴蝶、庙台槭、秦岭冷杉、独叶草等；省重点保护野生植物 211 种。其中秦岭石蝴蝶、庙台槭、秦岭冷杉、象鼻兰等为极小种群物种，珍稀濒危野生动植物分布较密集，故陕西应被作为生物多样性保护工作重点区域。

2022 年 11 月陕西省生态环境厅出台了《陕西省进一步加强生物多样性保护的实施意见》（以下简称《实施意见》），从完善保护政策法规、优化保护空间格局、建立保护监测体系、提升安全管理水平、创新可持续利用机制、加大执法和监督检查力度及完善保护措施 8 方面入手，其中提到实施生物多样性保护重大工程，确保全省重要生态系统、生物物种和生物遗传资源得到全面保护，守护好秦岭生物多样性宝库，把生物多样性保护理念融入生态文明建设全过程。《实施意见》提到强化极小种群秦岭石蝴蝶、庙台槭、长序榆、黄杉、小果蜡瓣花、秦岭花楸、太白山紫斑牡丹等野生植物的人工繁育，建立人工繁育基地并进行野外回归试验，扩大野外种群数量，强化秦巴山区植物种子收集和保存，建立秦巴山区野生植物种质资源库。近年，陕西理工大学、西北大学、秦岭国家植物园等单位，积极开展极小种群野生植物秦岭石蝴蝶、陕西羽叶报春、长序榆和翅果油树人工繁育及大规模野外回归工作，取得了初步成效，其中极小种群野生植物秦岭石蝴蝶从本地调查、就地保护、迁地保护、人工繁育、野外回归到濒危机制研究，取得了一系列的进展，被生态环境部评为全国 "2022 年生物多样性优秀案例"。

广西植物资源较为丰富，物种多样性仅次于云南和四川，是进行生物多样性科学研究的关键地区之一，分布有较多的孑遗、特有植物和受国家、地区保护的野生植物资源。2012 年针对广西的野生濒危植物资源，广西壮族自治区林业局制定了《广西极小种群野生植物拯救保护项目实施方案》，其中 32 种极小种群野生植物被列为优先拯救和保护对象。32 种极小种群野生植物隶属 17 科 24 属，其中国家一级重点保护野生植物有 16 种，国家二级重点保护野生植物有 9 种，自治区重点保护野生植物有 6 种，占全国极小种群植物种数的 1/4，分布在全区各地。2023 年 5 月，中国科学院广西植物研究所与广西桂林银竹老山资源冷杉国家级自然保护区、千家洞国家级自然保护区联合开展极小种群野生植物资源冷杉野外回归第二期工程的种植，在广西桂林银竹老山资源冷杉国家级自然保护区新建回归基地 8 个，在千家洞国家级自然保护区新建回归基地 1 个，共回归种植资源冷杉苗木

425 株。

四川是生物多样性富集区和长江上游重点水源涵养区，是中国西南关键生物多样性保护区之一，森林、湿地及野生植物资源十分丰富，是我国植物种类最丰富的省份之一，维管植物的物种数仅次于云南。四川省制定了《四川省野生植物极小种群保护工程规划》和《四川省"十二五"野生动植物保护发展规划》，同时也发布了《四川省极小种群野生植物名录》，确定优先拯救保护四川极小种群野生植物 33 种，其中国家一级重点保护野生植物 3 种，国家二级重点保护野生植物 6 种，四川特有 18 种。2022 年四川省制定了《四川省极小种群野生植物保护技术规程》地方标准。

2023 年 12 月 12 日，湖北省林业局公布《湖北省极小种群野生植物名录》，并发出通知，加强极小种群野生植物拯救保护工作。该名录共收录了 30 种野生植物，包括裸子植物 3 科 6 种、被子植物 16 科 24 种，分别为水杉、台湾杉、榧、秦岭冷杉、大果青杆、大别山五针松、峨眉含笑、罗田玉兰、巴东木莲、油樟、闽楠、楠木、毛瓣杓兰、花榈木、红豆树、洪平杏、亮叶月季、小勾儿茶、永瓣藤、庙台槭、钟萼木、疏花水柏枝、叉叶蓝、陕西羽叶报春、湖北羽叶报春、长果秤锤树、黄梅秤锤树、湖北栲、扣树、七子花。

目前针对列入《全国极小种群野生植物拯救保护工程规划（2011—2015 年）》的 120 个物种开展的研究越来越多，但关于单个物种的系统性研究有待增强（孙卫邦等，2021）。尤其是通过极小种群野生植物的保护基因组学和生理生态适应性研究揭示其种群进化历史和濒危原因，基于对物种生境条件、种群结构、群落组成的深入了解开展就地保护及确定迁地地点，在分析种群遗传结构和遗传多样性的基础上开展种质资源保护及确定迁地保护和扩繁材料的取样数量，通过物种繁殖生物学特性研究制定科学的有性和无性繁殖技术，将大规模扩繁的苗木用于迁地保护和野外回归，对迁地和回归种群开展长期监测与管护，比较野外回归后种群与原野生种群在生长和适应性上的差异，对保育效果进行评估并适当调整保护策略。物种的保育是一个长期的过程，各个环节互相支撑，离不开对特定物种的系统研究及专项资金的长期稳定投入。

参 考 文 献

傅立国, 金鉴明. 1992. 中国植物红皮书: 稀有濒危植物(第一册). 北京: 科学出版社.

李俊清, 刘艳红, 张宇阳, 等. 2020. 极小种群野生植物野外回归技术规范(LY/T 3185—2020). 北京: 中国标准出版社.

任海, 简曙光, 刘红晓, 等. 2014. 珍稀濒危植物的野外回归研究进展. 中国科学: 生命科学, 44(3): 230-237.

孙卫邦. 2013. 云南省极小种群野生植物保护实践与探索. 昆明: 云南科技出版社.

孙卫邦, 韩春艳. 2015. 论极小种群野生植物的研究及科学保护. 生物多样性, 23(3): 426-429.

孙卫邦, 刘德团, 张品. 2021. 极小种群野生植物保护研究进展与未来工作的思考. 广西植物, 41(10): 1605-1617.

孙卫邦, 杨静, 刀志灵. 2019. 云南省极小种群野生植物研究与保护. 北京: 科学出版社.

汪松, 解焱. 2004. 中国物种红色名录(第一卷). 北京: 高等教育出版社.

文亚峰, 周宏, 王艳梅, 等. 2021. 极小种群野生植物水松保护与回归技术规程(LY/T 3259—2021). 北京: 中国标准出版社.

许玥, 臧润国. 2022. 中国极小种群野生植物保护理论与实践研究进展. 生物多样性, 30(10): 22505.

许再富, 郭辉军. 2014. 极小种群野生植物的近地保护. 植物分类与资源学报, 36(4): 533-536.

杨文忠, 向振勇, 张珊珊, 等. 2015. 极小种群野生植物的概念及其对我国野生植物保护的影响. 生物多样性, 23(3): 419-425.

杨文忠, 张珊珊, 康洪梅, 等. 2018. 极小种群野生植物保护原则与方法(LY/T 2938—2018). 北京: 中国标准出版社.

臧润国, 丁易, 黄继红, 等. 2016b. 极小种群野生植物保护与扩繁技术规范(LY/T 2652—2016). 北京: 中国标准出版社.

臧润国, 董鸣, 李俊清, 等. 2016a. 典型极小种群野生植物保护与恢复技术研究. 生态学报, 36(22): 7130-7135.

臧润国, 黄继红, 丁易, 等. 2020a. 极小种群野生植物种质资源保存技术规程(LY/T 3187—2020). 北京: 中国标准出版社.

臧润国, 黄继红, 丁易, 等. 2019b. 极小种群野生植物保护技术标准综合体(第 2 部分)迁地保护技术规程(LY/T 3086.2—2019). 北京: 中国标准出版社.

臧润国, 黄继红, 路兴慧, 等. 2019a. 极小种群野生植物保护技术标准综合体(第 1 部分)就地保护及生境修复技术规程(LY/T 3086.1—2019). 北京: 中国标准出版社.

臧润国, 李家儒, 黄继红, 等. 2020b. 极小种群野生植物苗木繁育技术规程(LY/T 3186—2020). 北京: 中国标准出版社.

周云, 蒋宏, 杨文忠, 等. 2012. 极小种群植物毛枝五针松的野生资源状况研究. 西部林业科学, 41(3): 80-83.

Crane P. 2020. Conserving our global botanical heritage: The PSESP plant conservation program. Plant Diversity, 42: 319-322.

Frankham R. 1995. Effective population-size/adult-population size ratios in wildlife: A review.

Genetics Research, 66: 95-107.

Ma Y P, Chen G, Grumbine R E, et al. 2013. Conserving plant species with extremely small populations(PSESP)in China. Biodiversity and Conservation, 22: 803-809.

Ren H, Zhang Q M, Lu H F, et al. 2012. Wild plant species with extremely small populations require conservation and reintroduction in China. Ambio, 41: 913-917.

Sun W B. 2016. Special issue for plant species with extremely small populations. Plant Diversity, 38: 207-258.

第二章　极小种群野生植物秦岭石蝴蝶概述

极小种群野生植物一般是由自身和外部因素共同造成的，自身因素包括遗传多样性低、近交衰退、繁殖障碍、种子萌发率低、适应性差等，外部因素包括地质历史事件、冰期作用、自然灾害、病虫害、气候变化、人类利用、生境退化和破碎化等。极小种群野生植物濒危机制的揭示是种群得以保护和恢复的重要基础。每一种极小种群野生植物都有其独特的生理生态特性和致危机制，需要采取不同的保育措施。极小种群野生植物是在特殊地区的特定环境下长期形成的，由于种群数量急剧下降，低于稳定存活界限的最小可生存种群，难以维系其正常繁衍而濒临灭绝的种类。理论上讲，对于濒临灭绝的极小种群野生植物而言，只有在对其形成过程、高风险灭绝机制进行系统研究的基础上，才能有针对性地采取科学有效的拯救保护措施。然而，系统研究的过程中，濒临高度灭绝风险的极小种群野生植物极易因某个事件的发生而永久地消失。《全国极小种群野生植物拯救保护工程规划（2011—2015 年）》确定了首批 120 种重点保护的极小种群野生植物，包含 36 国家一级重点保护野生植物，26 国家二级重点保护野生植物，58 种省级重点保护野生植物，其中 26 种国家二级重点保护野生植物中就包括秦岭石蝴蝶（*Petrocosmea qinlingensis*）。秦岭石蝴蝶属苦苣苔科、石蝴蝶属、中华石蝴蝶组植物（王文采，1981）。石蝴蝶属植物共 27 种 4 变种，85%以上的种为我国特有，且大多数属珍稀濒危植物，是我国宝贵的种质资源（吴金山，1991）。本属大多数种类的分布区域都很狭小，现代的分布与分化中心是我国云南高原及其东、西毗邻地区。中华石蝴蝶组植物由于花萼辐射对称、花萼分生，花冠上、下唇近等长，花药不缢缩等性状而为本属的原始类群。

第一节　秦岭石蝴蝶重发现过程

一、命名与重发现

秦岭石蝴蝶的模式标本最早由傅坤俊先生于 1952 年 9 月在陕西省沔县（现勉县）茶店镇附件采集，标本现珍藏于中国科学院植物研究所植物标本室。据记载，标本采集于海拔 650m 的岩石上，其花为淡粉紫色，当时被鉴定为中华石蝴蝶（*Petrocosmea sinensis*）。在 1981 年，著名植物分类学家王文采观察该标本时，发现其花冠上唇内面被有白色柔毛，与中华石蝴蝶花冠内面无毛的特征存在明显区别，因此将其认定为新种，并命名为秦岭石蝴蝶（*Petrocosmea qinlingensis*）。

自命名后 30 多年，研究人员针对该物种开展了多次野外调查，但均未发现其野生居群（王勇等，2015）。在"陕西省第二次野生植物资源调查""汉中市极小种群野生植物秦岭石蝴蝶、庙台槭资源调查""汉中市秦岭石蝴蝶补充调查"中，调查人员先后于勉县和略阳两地再次发现秦岭石蝴蝶（图 2.1A）。调查显示该物种野生居群地理分布区域极为狭窄（图 2.1B），个体数量极其稀少，处于濒危状态，需要加强保护和拯救。

二、生物学特征与分布

（一）秦岭石蝴蝶生物学特征

秦岭石蝴蝶为多年生宿根草本，单株叶 7～12 枚，具长或短柄；叶片草质，宽卵形、菱状卵形或近圆形，长 0.7～3cm，宽 0.7～2.8cm，顶端圆形或钝，基部宽楔形，边缘浅波状或有不明显圆齿，两面长有短柔毛。花序 2～6 枚，顶生 1 花。花萼 5 裂达基部。花冠淡紫色，内面上唇被有白色柔毛；花筒长 2.8cm，上唇长 4.8mm，2 深裂，下唇与上唇近等长，3 深裂，所有裂片近长圆形，顶端圆形。可育雄蕊 2，着生于近花冠基部，退化雄蕊 3，着生于距花冠基部 0.15mm 处。雌蕊长 5mm，子房与花柱被开展的白色柔毛，柱头小，球形。其近缘种中华石蝴蝶

图 2.1　秦岭石蝴蝶野外生长情况

A. 略阳县秦岭石蝴蝶野生居群；B. 勉县秦岭石蝴蝶野生居群；C、D. 岩石上秦岭石蝴蝶的生长情况

区别于本种的主要特征是花筒内面无毛。秦岭石蝴蝶春季（4 月）萌发新叶，主要生长期为夏季（5～8 月），花果期为秋季（9～10 月），冬季落叶，以块茎的形式过冬。秦岭石蝴蝶 8 月中旬开花，花期 40 天，9 月中旬子房开始发育，10 月下旬地上部分枯萎，但果实尚未成熟，种子呈白色。在自然状态下，种子不易成熟，通过细心观察和寻觅，未见到过实生苗。吴金山（1991）在 10 月下旬将采回的种子放入 15℃、25℃培养箱中连续培养 60 天，均无发芽。造成种子不育的原因是本属植物为热带亚洲分布类型，秦岭南坡已是它分布的最北缘，这里的光照、气温和降水时机均不能满足其正常生长发育的需要，如 8～10 月，是植株柱头授粉和子房发育的时期，而此时正值勉县的雨季。秦岭石蝴蝶主要靠根状茎上的侧芽繁殖，一般每条根状茎可发育出 2～3 个侧芽。

（二）秦岭石蝴蝶野外分布

勉县茶店镇地处秦岭南坡边缘，为秦岭石蝴蝶的最早发现地，山势较为平缓，年均气温 12.4℃，降水量 834mm，年日照 1740h，无霜期 235 天，四季分明，属北亚热带气候。土壤微酸性，由花岗岩发育而成，土层浅薄。秦岭石蝴蝶长在海拔 650～1100m 的山沟杂木林下，要求郁闭度较大，通常 30～100 株在一起，聚成面积 1～8m² 大的群落。杨平等（2016）通过对秦岭石蝴蝶生长地土壤进行分析，发现群落土壤呈中性（pH=6.50），土壤中有机质含量较高，全氮、全磷和全钾含量较低，有效铁、有效镁、有效钠和有效钙含量则较高，这表明该群落土壤中矿质元素含量丰富。陕西理工大学秦岭石蝴蝶研究与保护团队将秦岭石蝴蝶野外分布地采集的土壤样本、人工繁育基地的土壤样本、实验室配制的土壤样本等，利用原子火焰法在原子分光光度计上进行元素含量检测，结果表明秦岭石蝴蝶生长的环境与实验室配制土样相比，大部分元素相差不大，有少量的元素如 P、K、Na、Zn 含量较低，但是 Ca 含量较高，土壤呈现偏碱性，与文献报道的偏酸性土壤不相符。

此外，秦岭石蝴蝶叶片草质，含水量高，邻近山涧瀑布溪流的空气含水量高，其着生的苔藓可以捕获并存储空气中的水汽，为秦岭石蝴蝶的生长提供水分。夏季山涧中阴凉湿润的空气也保护了生长于崖壁上的秦岭石蝴蝶不会因高温干旱而死亡。因此，秦岭石蝴蝶对生长环境要求较为苛刻，且自然状态下适宜生长的阴湿山沟一般较为分散，最终导致其野生居群地理分布极为狭窄（杨平等，2016）。秦岭石蝴蝶一般生长于阴湿山谷石灰质岩石缝隙中，群落上层为落叶阔叶林，生长季节郁闭度比较高，常由栓皮栎（*Quercus variabilis*）、油松（*Pinus tabuliformis*）等乔木或少花荚蒾（*Viburnum oliganthum*）、常春藤（*Hedera nepalensis* var. *sinensis*）等灌木及藤本形成一定的郁闭度，为秦岭石蝴蝶遮阴。秦岭石蝴蝶的主要伴生植物有半蒴苣苔（*Hemiboea subcapitata*）、中华秋海棠（*Begonia grandis* subsp. *sinensis*）、虎耳草（*Saxifraga stolonifera*）、剑叶虾脊兰（*Calanthe davidii*）、佛甲草（*Sedum lineare*）、旋蒴苣苔（*Dorcoceras hygrometricum*）、毛轴碎米蕨（*Cheilanthes chusana*）、江南卷柏（*Selaginella moellendorffii*）等及石灰质岩石表面的蛇苔（*Conocephalum conicum*）。

三、濒危现状

秦岭石蝴蝶在 1999 年国务院批准的《国家重点保护野生植物名录（第一批）》（http://www.gov.cn/gongbao/content/2000/content_60072.htm）中被列为国家二级重点保护野生植物。在 2021 年 9 月国家林业和草原局及农业农村部共同颁布的《国家重点保护野生植物（2021 版）》中，仍被列为国家二级重点保护野生植物。2004年秦岭石蝴蝶被收录在《中国物种红色名录（第一卷）》中。2013 年 9 月 2 日在国家环境保护部和中国科学院联合编制的《中国生物多样性红色名录：高等植物卷》中被列为中国特有，IUCN 等级为 CR。同时，秦岭石蝴蝶也是被列入《全国极小种群野生植物拯救保护工程规划（2011—2015 年）》中 120 种极小种群野生植物之一。以上信息均可在中国珍稀濒危植物信息系统（https://www.iplant.cn/rep/protlist/3）中查询。目前秦岭石蝴蝶的野外居群，仅在陕西汉中的勉县和略阳两处有野外分布，两处合计不超过 1000 株。

第二节　秦岭石蝴蝶繁殖学特征

繁殖是植物最为关键的生活史阶段之一，也是种群更新与维持的重要环节。极小种群野生植物自身生殖繁育力的衰退是导致其濒临灭绝的重要原因之一（许玥和臧润国，2022）。开展繁殖生物学研究，深入了解物种的个体成熟年龄、结果（种）时间动态、繁殖结构、授粉方式和主要传粉者、种子扩散情况、种子休眠情况和萌发条件等，可为研发极小种群野生植物的人工扩繁技术奠定理论基础（Volis，2016）。对于存在繁殖困难的种群可以借助实验来控制其发芽和生长条件，揭示种群更新失败的原因，并最终通过减少竞争物种、引入保育植物、增加传粉昆虫等相应的方式来促进自然更新。由于大部分极小种群野生植物生长在偏远的地方，开展长期的观测和实验研究较为困难，目前对于极小种群野生植物繁殖生物学的相关研究还较为欠缺。

植物的开花物候不仅是理解植物传粉、繁育系统和生殖成功的基础，也是繁殖生物学的重要研究领域之一（康晓珊等，2012）。传粉系统与繁育特性相辅相成，繁育系统的研究不仅为居群进化提供理论基础，而且作为居群有性生殖的纽带在决定植物表征变异方面也成为传粉生物学研究的关键部分（彭东辉等，2014）。传粉是花粉由花粉囊散出，借助一定的媒介力量传播到雌蕊柱头上的过程，是种子植物完成生活史的必然阶段，分为自花传粉和异花传粉，花粉的形态和运动方式能够决定植物个体间的交配类型，进而影响植物群体间的交配和基因的交流，最终演化为适应不同环境的植物繁育系统（陆时万等，2002；张大勇，2004）。很多植物都是由传粉过程受到限制导致的结籽率不高而造成植物资源的减少，对濒危植物传粉生物学特性的研究，有助于探讨植物的濒危机制及保护对策的制定。

植物的繁育系统是指直接影响其后代遗传组成的所有有性特征，主要包括花部特征总和、花各部位的活力与寿命、交配习性和传粉授粉行为等，其核心部分为交配系统（Wyatt，1983；何亚平和刘建全，2023），植物可以通过不同的繁殖模式与传粉类型，调节其环境适应性。繁育系统是当前濒危植物资源保护的重要研究对象，对于物种的生长发育、繁殖具有重要意义，有助于探究其濒危机制并科学保护该物种资源（杨柳等，2023）。传粉者对植物生殖结构的选择作用最主要体现在其花部构成方面，这种选择作用的强度和速度对于一些拥有专性传粉者植物的花部结构而言更加明显。传粉昆虫的限制是影响植物生殖成功的重要原因之一，同时也是探究该物种濒危机制的重要前提。

一、花部特征分析

植物的花部综合特征与传粉者行为、传粉机制及植物适合度密切相关。秦岭石蝴蝶为典型的两侧对称花，雌雄同株，植株呈莲座状，各植株在花期内可陆续开放多达 9 朵花，花朵没有明显香气。如表 2.1 所示，秦岭石蝴蝶的单花花冠平均直径12.04mm±1.30mm，花筒深度为 4.76mm±0.70mm，不利于昆虫迅速地找到蜜源与花粉；花筒口直径为 4.06mm±0.68mm；花萼 5 裂达基部，长 3.82mm±0.67mm，宽 1.32mm±0.21mm，外面疏被短柔毛；花序 2～6 条，花梗长 45.8mm±7.76mm，花序梗中部之上有 2 苞片，顶生花 1 朵；花瓣呈淡紫色，合瓣花，外面稀疏地长有短柔毛，内面在上唇密被白色长柔毛，在下唇被短柔毛，上唇 2 裂近基部，下唇 3 裂；雄蕊 2 枚，高 2.90mm±0.52mm，花丝着生于近花冠基部处，被短柔毛，花药近圆状卵形，退化雄蕊 3，无毛，狭线形；花苞外被白色短柔毛；雌蕊 1 枚，柱头小，球形，子房卵球形，与花柱密被开展白色长柔毛。花丝和花柱较长，花株基部密布白色绒毛，柱头位置始终高于雄蕊，不利于自花花粉落在

表 2.1　秦岭石蝴蝶花部形态参数（*n*=20）（mm）

花部参数	平均值	最小值	最大值
花萼长度	3.82±0.67	2.80	5.18
花萼宽度	1.32±0.21	0.98	1.70
花冠直径	12.04±1.30	9.30	14.90
花筒深度	4.76±0.70	3.88	6.82
花筒口直径	4.06±0.68	3.18	5.60
上唇长度	3.82±0.60	2.74	5.12
上唇宽度	4.25±0.59	3.34	5.26
花药长度	1.43±0.24	1.06	2.02
花药宽度	0.98±0.22	0.76	1.72
柱头直径	0.31±0.04	0.22	0.36
柱头高度	0.20±0.03	0.14	0.24
花柱长度	4.90±0.72	3.78	6.30
雌蕊长度	7.25±1.01	5.90	9.66
雄蕊高度	2.90±0.52	2.20	4.00
下唇长度	4.57±0.62	3.38	5.88
下唇宽度	3.29±0.44	2.62	4.40
子房高度	1.93±0.43	1.40	3.34
子房宽度	1.30±0.32	0.68	2.04
花梗长度	45.8±7.76	33.70	59.98
叶片长度	44.77±9.43	26.80	66.72
叶片宽度	28.12±3.37	23.20	34.74

柱头上，需要传粉者协助授粉。每个成熟的果实含有 350～400 粒种子，种子微小，种量丰富，呈黑褐色。

从秦岭石蝴蝶的花部特征来看，花冠虽然相对较小，但其花瓣颜色艳丽，能够反射蜜蜂与蝇类可见的紫光，吸引传粉者降落到花上；花筒内壁上近雄蕊处具有黄色的蜜腺，能够近距离引导昆虫迅速地找到蜜源与花粉；上唇 2 裂近基部并且其背部裂片向后反折，正是这种反折结构为传粉者提供了很好的降落平台；花柱从花筒内侧伸出，表现为柱头探出式的雌雄异位来增加传粉者与柱头的接触概率；花药平行排列，纵列成熟时会产生大量的花粉，使得传粉者可以一次性大量接触到花粉，当传粉者将头部探入花筒时，其头部及胸部所沾染的花粉会接触到柱头上，从而完成授粉，而花筒内壁及花柱上的长柔毛也会附着有大量的花粉，也可转移到传粉者身上，起到次级花粉呈现的作用，从而提高了雄蕊适合度。秦岭石蝴蝶开花时间较长，花粉活力和柱头可授性保持时间长，较长的花寿命被认为是有花植物适应极端环境的繁殖保障机制之一，花冠脱落花萼永久宿存并能保持一定时间的新鲜状态，从而增加整个植株的花展示面积来更有效地吸引传粉者。

二、开花物候调查

秦岭石蝴蝶的野生居群花期为每年 7～9 月，整个居群的花期长达 40 天，单花花期 2～3 天，每株在花期内可以陆续开放多达 9 朵花。花序基生，每个花序仅有 1 朵花；花为淡紫色，合瓣花；唇形花冠；雄蕊 2，着生于花筒内壁，花药两两贴合；雌蕊 1，柱头头状。秦岭石蝴蝶开花全过程经历了现花蕾、花苞打开、花瓣脱落和结果荚几个阶段。从花冠伸出到花朵枯萎可观察到花冠颜色是由深至浅的一个变化过程，但蜜腺颜色变化却是由浅至深。蜜腺位于基部，花朵没有明显香气。据笔者观察，秦岭石蝴蝶始花期在 7 月底，盛花期在 8 月，9 月中旬为开花末期。不同年份之间的气候变化会影响开花进程。例如，2023 年始花期和开花末期均比 2022 年和 2021 年推迟了 15 天以上，开花高峰期也相差 15 天。如图 2.2 所示，每朵花苞从展开至凋谢一般持续 12～15 天（$n=20$），花冠完全打开一般需 2～3 天，同一植株上不同开花时间间隔 1～2 天，并且在一天中任何时间都可开放，花药开裂时间集中在 11:00，受天气影响较大，晴天会提前，阴雨天气则相对延后。

秦岭石蝴蝶开花时间从 7 月底开始到 9 月中旬结束，种群花期长达 40 天，单花花期一般为 2～3 天，8 月为秦岭石蝴蝶的开花高峰期，在该时间段内，秦岭石蝴蝶的花期大多处于汉中市的梅雨季节，在开花进程中容易遭遇强降雨等恶劣天气的影响，导致花瓣和雄蕊直接脱落，产生花粉被雨水冲刷脱落、花蜜分泌及昆虫活动减少、花药发生水溶性腐败等不良影响，从而导致秦岭石蝴蝶授粉和坐果难以成功，这是秦岭石蝴蝶濒危的主要原因。欧阳丽婷等（2022）在对濒危野生

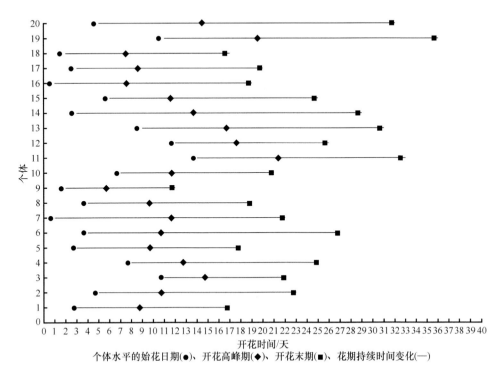

个体水平的始花日期(●)、开花高峰期(◆)、开花末期(■)、花期持续时间变化(—)

图 2.2　秦岭石蝴蝶单株开花情况统计（*n*=20）

植物欧洲李（*Prunus domestica*）开花物候特性的调查中也发现，它们的授粉均受到恶劣的自然环境的影响。但是对于秦岭石蝴蝶而言，开花持续时间长且具有明显的开花不同步性不仅可以保证植株在较长时间内都能成功完成传粉受精过程而保证生殖成功，而且也可以降低花期恶劣的多雨天气对其开花进程的迫害，减少开花量大结实率低的现象发生，这是秦岭石蝴蝶长期适应环境影响所进化出的一种生殖保障，是生境选择压力下所形成一种适应行为。

三、花粉活力和柱头可授性分析

将采集的花粉或花柱置于载玻片上，采用噻唑蓝（MTT）法检测秦岭石蝴蝶不同时期的花粉活力和柱头可授性，置于光学显微镜下观察，统计花粉粒和花柱着色情况，每个发育阶段采集 10 朵花（*n*=10）。花粉或柱头显示紫色则表明有活力，若无颜色变化则表明无活力。结果显示，柱头在花药未开裂前就具有可授性

（图 2.3A），并且逐渐增强，其染色情况先由浅紫色至深紫色不断加深，直到开花后期几乎没有颜色变化（图 2.3B）；在开花的第 4 天至第 6 天内一直保持着最强的可授性（图 2.3C、D）；第 7 天可授性开始减弱，第 9 天后柱头自身颜色开始变黑或褐色，逐渐失去黏性和张力，可授性较弱（图 2.3E）。花粉活力随开花天数的增加表现为先升高后降低的变化趋势，在开花第 1 天，花药还未开裂，即具有较高的花粉活性（图 2.3F），为 56.02%；随着花药开裂，在开花第 3 天和第 4 天花粉活力分别达到 74.19% 和 82.86%（图 2.3G）；在开花第 5 天，花粉活力达到峰值，为 93.15%（图 2.3H）；在开花第 6 天开始下降，第 7 天和第 8 天明显下降，

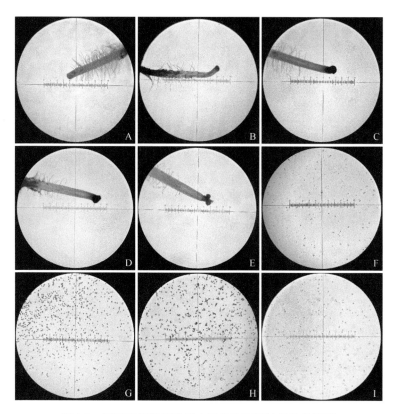

图 2.3　不同时间段花粉活力及柱头可授性的染色情况

A. 开花 1 天后的柱头染色；B. 开花 2 天后的柱头染色；C. 开花 4 天后的柱头染色；D. 开花 6 天后的柱头染色；
E. 开花 9 天后的柱头染色；F. 开花 1 天后的花粉染色；G. 开花 4 天后的花粉染色；H. 开花 5 天后的花粉染色；
I. 开花 9 天后的花粉染色

第 9 天花粉活力急剧下降至 18.05%，此后几乎没有活力（图 2.3I）。秦岭石蝴蝶的花粉活力及柱头可授性持续时间较长，并且柱头在花粉未开裂前就具有可授性，从而提高了传粉率和异花授粉机会。从不同发育阶段的花粉活力及柱头可授性检测结果来看，其具有雌雄同熟特征，花粉和柱头的可授性活力的最高值均在开花第 5～6 天。以上结果表明，花粉活力和柱头可授性虽有重叠期，但重叠期较短，仅为 1～2 天，不利于花期完成授粉。

四、昆虫访花行为

随机选取开放的花序，连续观察 3～5 天，记录同一样方（10m×10m）访花昆虫及其访花行为，包括访花者的停落方式、访花过程、在花上停留时间及每次的访花数目等。从 9:00～18:00 连续观察，统计每小时内前 30min 时程内的访花昆虫，用数码相机拍摄访花者照片，用捕虫网不定时地网捕昆虫，检查它们是否携带花粉，带回实验室后通过查询《中国动物志》，并咨询动物分类相关领域研究人员进行物种鉴定。同时注意记录天气变化。结果显示，根据勉县茶店镇附近秦岭石蝴蝶野生居群的野外调查，其主要访花昆虫有 2 种，分别是中华蜜蜂（*Apis cerana*）和食蚜蝇科（Syrphidae）昆虫（图 2.4）。其中食蚜蝇类在花上停留时间较长（3～12min），但只是在花瓣上舔舐，并未接触到花粉，为无效传粉者。而中华蜜蜂为有效的传粉者，尽管中华蜜蜂在秦岭石蝴蝶居群中出现的频率很低，但是其访花行为使其成为相当有效的传粉者。秦岭石蝴蝶的子房基部有蜜腺，花蜜

图 2.4　秦岭石蝴蝶茶店镇居群中访花者（图片由王勇博士拍摄）

A. 中华蜜蜂；B. 食蚜蝇类

是对传粉者的主要"报酬"。中华蜜蜂使用其口器从花冠正前方深入花管中,取食花管基部的花蜜。其前额部位接触花药,将花粉粘在其体表,并在访问下一朵花时,将花粉涂抹在柱头表面,从而充当了有效的传粉媒介。笔者野外调查发现,一般情况下,中华蜜蜂访花频率很低,而且与天气因素密切相关。当天气晴朗时,第 1 只中华蜜蜂于上午 10:30 左右出现,整个居群仅有 1~2 只。访花速度很快,每分钟可访问 9~15 朵花,平均每朵花停留时间 6s 左右。阴天时会到下午才有中华蜜蜂出现。

对秦岭石蝴蝶整个花期和盛花期的单日花蜜的糖浓度检测结果如图2.5所示。随花期的推移,花蜜糖浓度呈递增趋势,盛花期花蜜糖浓度最高,为 3.7%,花蜜分泌量在此阶段也达到最高,为 0.63μL,递增明显;随时间的推移,花蜜糖浓度与花蜜分泌量逐渐减少,在开花末期,花蜜糖浓度和花蜜含量最低,分别为 1.64%、0.22μL。日变化中,花蜜糖浓度于 14:00 达到最高,此时也正是传粉者的访花高峰期,有利于吸引更多传粉昆虫。因此,从不同开花阶段来看,秦岭石蝴蝶整个花期,花蜜持续分泌,但花蜜糖浓度较低且花蜜含量也较少。

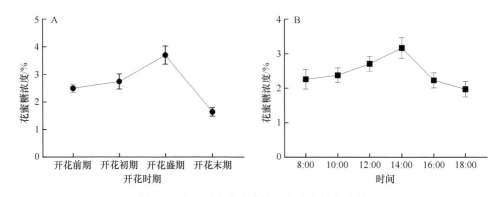

图 2.5 秦岭石蝴蝶花蜜糖浓度变化趋势分析

A. 秦岭石蝴蝶整个开花时期花蜜糖浓度变化(n=10);B. 秦岭石蝴蝶盛花期单日不同时间点花蜜糖浓度变化(n=10)

五、交配系统与种子传播机制

2015~2022 年的连续观察显示,在天然状况下的秦岭石蝴蝶野生居群,其结实率比较高,自然结实率为 85%(n=20),其果实内胚珠有 5%~15% 的败育(平均 12%,n=20)。实验室栽培条件下的人工授粉可以提高结实率和胚珠发育的比例，分别可达 100%（$n=20$）、98%（$n=20$），这表明自然状况下存在一定花粉限制。实验室栽培条件下昆虫隔离实验表明，秦岭石蝴蝶必须依赖传粉媒介，才能完成传粉过程，被隔离的植株不能结实。实验室人工控制授粉实验显示，秦岭石蝴蝶自交可育，人工自交和异交实验条件下，结实率没有明显差别。

本研究根据 Dafni 和 Maués（1998）的标准，对秦岭石蝴蝶花器官直径和开花行为进行观察测量及繁育系统评判。结果显示：①花朵直径 1mm 时记为 0；花朵直径 1~2mm 时记为 1；花朵直径 2~6mm 时记为 2；花朵直径＞6mm 时记为 3；②花药成熟开裂与柱头具有可授性若无时间差异或柱头具有可授性时间早于花药成熟时间记为 0；花药先成熟记为 1；③柱头与花药的空间位置同一高度记为 0，空间分离记为 1。三者相加即可得到杂交指数（OCI）值。评判标准为：OCI=0，繁育系统为闭花受精；OCI=1，繁育系统为专性自交；OCI=2，繁育系统为兼性自交；OCI=3，繁育系统为自交亲和，有时需要传粉者；OCI=4，繁育系统为异交型，部分自交亲和，需要传粉者。根据 Dafni 和 Maués（1998）的标准，由表 2.1 可知，秦岭石蝴蝶的平均花冠直径为 12.04mm±1.30mm，大于 6mm，赋值为 3；雌蕊先熟，柱头在花药未开裂前就具可授性，赋值为 0；花药与柱头在空间上存在隔离，不能接触，赋值为 1，其 OCI 值为 4。根据 Dafni 和 Maués（1998）标准判断秦岭石蝴蝶的繁育系统为自交亲和传粉者。

人工授粉实验按照以下 6 种处理方式进行（$n=20$）：①自然对照，不做任何处理，自由授粉，检测自然状态下的亲和性；②自然自花授粉，开花前用硫酸纸袋套袋，不去雄，检测是否存在自花传粉可育；③自然异花授粉，不套袋，去雄，自由授粉，检测结实率是否受传粉者的限制；④人工同株异花授粉，去雄，人工授粉后套袋，花粉来自于同一株花，检测有无自交不亲和；⑤人工异株异花授粉，去雄，人工授粉后套袋，花粉来自不同植株，检测其异交的亲和性；⑥开花前去掉雄蕊并套袋，检测是否存在无融合生殖。所有去雄套袋授粉试验均在开花前一天进行，避免花药散粉。果实成熟时，分株分朵收集，统计结实率（结实率=结实数/处理花朵数×100%）。套袋实验结果表明，秦岭石蝴蝶在自然状态下的结实率为 80%，部分存在胚珠败育情况；去雄套袋不授粉的结实率为 0，表明秦岭石蝴蝶不存在无融合生殖；不去雄、开花前直接套袋处理条件下结实率为 35%，说明存在自花授粉现象；在去雄不套袋的处理下结实率仅为 25%，说明秦岭石蝴蝶结实受传粉者限制；人工进行的同株异花和异株异花处理条件下结实率分别为 75%、

60%，说明秦岭石蝴蝶自交亲和，但存在异交亲和现象，而人工同一株异花传粉结实率高于异株异花传粉的结实率，可能是由于同株异花的花粉更易于被柱头识别进而受精的缘故。兼备自花传粉的濒危植物个体在传粉者稀少或数量较少时，与专性异交的个体相比，有一定的选择优势（王玉兵等，2011）。上述结果进一步验证了秦岭石蝴蝶的繁育系统是自交与异交并存的混合交配系统，不存在无融合生殖现象，传粉者在传粉过程发挥极其重要的作用。秦岭石蝴蝶每个花序仅有 1 朵花，花成功授粉、凋谢后第 4 天，在子房膨大的同时，花序基部开始发生弯曲，将果实贴近地面或岩石表面。秦岭石蝴蝶果期果枝向下弯曲，将种子散布在母株附近 10～15cm 范围内。蒴果成熟开裂，释放出细小颗粒状的种子。种子落入附近岩石裂隙中或土壤中。这种传播方式导致种子散播距离非常有限，通常在母株周围 10～15cm 的范围内。此外，种子萌发实验结果表明，野外直接收集的秦岭石蝴蝶种子萌发率仅为 23.33%，人工异花授粉的秦岭石蝴蝶种子萌发率为 46.67%，比对照组明显高出 23.34 个百分点；人工自花授粉秦岭石蝴蝶种子萌发率为 38.33%，也明显高出对照组，结果表明，秦岭石蝴蝶种子自然状态下萌发率较低。

总之，秦岭石蝴蝶的生殖学调查和研究结果表明，以下因素均可能是导致秦岭石蝴蝶濒危的原因：①秦岭石蝴蝶种群花期为 7 月底至 9 月中旬，正值汉中多雨季节，影响授粉；花筒较深，不利于昆虫授粉，柱头位置高于花药，需要传粉者协助授粉。②花粉和柱头可授性重叠期仅为 1～2 天，时间太短。③访花昆虫平均访花频率较低，在每朵花上停留时间较短，阴雨天严重影响昆虫访花行为。④秦岭石蝴蝶繁育系统是以自交亲和为主、与异交并存的混合交配型系统，不存在无融合生殖现象，传粉者在传粉过程发挥极其重要的作用。⑤秦岭石蝴蝶自然条件下萌发率较低。

参 考 文 献

何亚平, 刘建全. 2023. 植物繁育系统研究的最新进展和评述. 植物生态学报, 27(2): 151-163.

康晓珊, 潘伯荣, 段士民, 等. 2012. 沙拐枣属 4 种植物同地栽培开花物候与生殖特性比较. 中国沙漠, 32(5): 1315-1327.

陆时万, 徐祥生, 沈敏建. 等. 2002. 植物学. 北京: 高等教育出版社.

欧阳丽婷, 颉刚刚, 谢军, 等. 2022. 濒危植物野生欧洲李 (*Prunus domestica* L.) 花部特征与繁育系统研究. 东北农业科学, 47(6): 125-129.

彭东辉, 兰思仁, 吴沙沙. 2014. 中国特有种枝毛野牡丹传粉生物学及繁育系统研究. 林业科学研究, 27(1): 11-16.

孙旺, 蒋景龙, 胡选萍, 等. 2020. 濒危植物秦岭石蝴蝶的 SCoT 遗传多样性分析. 西北植物学报, 40(3): 425-431.

王文采. 1981. 中国苦苣苔科的研究(二). 植物研究, 1(4): 35-75.

王勇, 杨培君, 李长波. 2015. 封面植物介绍: 秦岭石蝴蝶. 西北植物学报, 35(1): 97.

王玉兵, 梁宏伟, 莫耐波, 等. 2011. 珍稀濒危植物瑶山苣苔开花生物学及繁育系统研究. 西北植物学报, 31(5): 958-965.

吴金山. 1991. 珍稀濒危植物: 秦岭石蝴蝶. 植物杂志, (3): 8.

许玥, 臧润国. 2022. 中国极小种群野生植物保护理论与实践研究进展. 生物多样性, 30(10): 22505.

杨柳, 周天华, 王勇, 等. 2023. 珍稀濒危植物陕西羽叶报春的开花及传粉生物学研究. 西北植物学报, 43(7): 1218-1226.

杨平, 陆婷, 邱志敬, 等. 2016. 濒危植物秦岭石蝴蝶的生态学特性及濒危原因分析. 植物资源与环境学报, 25(1): 90-95.

张大勇. 2004. 植物生活史进化与繁殖生态学. 北京: 科学出版社.

Dafni A, Maués M M. 1998. A rapid and simple procedure to determine stigma receptivity. Sexual Plant Reproduction, 11(3): 177-180.

Volis S. 2016. How to conserve threatened Chinese plant species with extremely small populations? Plant Diversity, 38: 45-52.

Wyatt R. 1983. Pollinator-plant interactions and the evolution of breeding systems//Real L. Pollination Ecology. Orlando: Academic Press: 51-95.

第三章　秦岭石蝴蝶遗传多样性分析

遗传结构和遗传多样性是一个物种的重要特征，受许多因素的影响，包括生境片段化、繁育系统、基因流等（Sokal et al.，1989）。遗传结构的空间分布与物种的繁育机制及自然选择效应密切相关，而遗传多样性则反映一个物种适应环境的能力和对环境变迁持续进化的潜力（包文泉等，2016）。遗传多样性一般是指物种内基因的变化，包括种内不同种群间及同一种群内的差异，是微观尺度即分子水平上的度量，物种多样性是指特定区域内物种的多样化，主要从分类学、系统学等角度进行研究（丁剑敏等，2018）。因此，分析物种尤其是珍稀濒危物种的遗传多样性和遗传结构，对于生物资源的保护和合理开发利用具有重要意义。作为石蝴蝶属分布最北缘的植物，对秦岭石蝴蝶遗传多样性的研究不仅有助于了解其种群遗传多样性的情况，更能为进一步解释其濒危机制和演化起源提供线索。此外，遗传多样性的高低也是检验濒危物种野外回归成功与否的重要指标之一（丁剑敏等，2018）。基于前期对人工种群秦岭石蝴蝶花器官变异的统计分析及对野生种群的野外调查结果，发现人工无性繁殖得到的种群花器官变异类型丰富，而野生种群秦岭石蝴蝶无变异现象，因此推测这一现象也有可能是由在无性繁殖传代过程中发生基因突变所造成的，而根据人工种群中较高的变异率来看，大规模的遗传变异就极有可能造成群体遗传结构的变化，如等位基因频率。目标起始密码子多态性（SCoT）标记是基于翻译起始位点的目的基因标记技术，通过扩增产生偏向候选功能基因区的显性多态性标记（陈大霞等，2013）。因此本研究选择使用SCoT标记来进行秦岭石蝴蝶人工种群与野生种群的遗传多样性及亲缘关系的研究，以期进一步确定人工种群花器官变异的原因，并为该植物的濒危机制和演化起源研究提供线索。

本研究利用筛选到的24条SCoT引物，分析秦岭石蝴蝶人工繁育和野生种群的遗传多样性及遗传结构，这对于分析秦岭石蝴蝶的濒危机制和制定种群保护与修复策略具有一定的科学意义。

第一节 遗传多样性指数分析

一、采样与基因组 DNA 提取

在获得陕西省林业局批准，取得国家重点保护野生植物采集证并在汉中市野生动植物保护管理站监督下，采集人于 2019 年 7 月分别在略阳县野生种群（L）和勉县野生种群（M）进行采样，选取新鲜幼嫩的秦岭石蝴蝶叶片作为实验材料（表 3.1）。人工种群（S）叶片采自陕西理工大学秦岭石蝴蝶人工培养室（表 3.1）。3 个居群各取幼嫩叶片材料 20 份，按照采集顺序进行编号，野生种群采取间隔 2.0m 以上进行采样，实验室种群采取随机采样。采集的样品迅速放于冰盒中带回实验室并置于−80℃超低温冰箱中储存备用。试验所用的 SCoT 引物参考 Collard 和 Mackill（2009）与熊发前等（2009）的研究，以及部分自己设计，共 60 条 SCoT 引物，由生工生物工程（上海）股份有限公司进行合成。提取得到秦岭石蝴蝶基因组 DNA 后，使用 0.8%琼脂糖凝胶电泳检测 DNA 完整度，使用超微量分光光度计（NanoDrop 2000）检测 DNA 纯度、浓度，依据测得的 DAN 浓度将其稀释至所需浓度，分装后于−20℃下保存。

表 3.1 采样点信息

种群名称	采样地点	海拔/m	环境条件	温度/℃	湿度/%
略阳野生种群	略阳县	640	溪流旁崖壁上	26	74
勉县野生种群	勉县	650	林下山石上	28	69
人工种群	陕西理工大学	270	人工培养室	26	70

二、遗传多样性指数分析

从 3 个种群中各挑选 20 份 DNA 样本，共 60 份样本，使用合成的 60 条 SCoT 引物分别进行 PCR 扩增和聚丙烯酰胺凝胶电泳检测，按照银染方法进行染色显影，扫描并保存凝胶图像。从 60 条 SCoT 引物中选取扩增效率高、条带清晰、重复性好的 24 条引物（表 3.2）对秦岭石蝴蝶 3 个种群的 60 份 DNA 样本进行聚丙烯酰胺凝胶电泳检测。

表 3.2　选择的 24 条 SCoT 引物

引物编号	序列	$T_m/℃$
SCoT 1	CAACAATGGCTACCACCA	54
SCoT 5	CAACAATGGCTACCACGA	54
SCoT 6	CAACAATGGCTACCACGC	56
SCoT 8	CAACAATGGCTACCACGT	54
SCoT 11	AAGCAATGGCTACCACCA	54
SCoT 19	ACCATGGCTACCACCGGC	60
SCoT 30	CCATGGCTACCACCGGCG	62
SCoT 31	CCATGGCTACCACCGCCT	60
SCoT 34	ACCATGGCTACCACCGCA	58
SCoT 37	CAACAATGGCTACCAGCG	56
SCoT 39	ACGACATGGCGACCAACT	56
SCoT 40	ACGACATGGCGACCAACC	58
SCoT 42	ACGACATGGCGACCATCC	58
SCoT 43	ACGACATGGCGACCATCA	56
SCoT 45	ACGACATGGCGACCACGG	58
SCoT 47	ACGACATGGCGACCCACG	60
SCoT 49	ACGACATGGCGACCCACC	60
SCoT 50	ACCATGGCTACCACCGCT	58
SCoT 52	ACCATGGCTACCACCGGA	58
SCoT 53	CCATGGCTACCACCGCCC	60
SCoT 55	CCATGGCTACCACCGGCA	60
SCoT 56	CCATGGCTACCACCGGCT	60
SCoT 57	CCATGGCTACCACCGCAA	58
SCoT 60	CATGGCTACCACCGGCCA	60

注：T_m 指 PCR 引物设计中引物与模板之间精确互补并且在模板过量的情况下有 50%的引物与模板配对，而另外 50%的引物处于解离状态时的温度

　　SCoT-PCR 总反应体系 20μL，包括 DNA 模板 50ng，2×Power *Taq* PCR MasterMix 10μL（北京百泰克生物技术有限公司），SCoT 引物 100ng，加 dd H_2O

至 20μL。PCR 在 Hema 9600 PCR 扩增仪上按以下程序运行：94℃预变性 4min，94℃变性 45s，54℃退火 45s，72℃下延伸 90s，PCR 扩增 35 个循环，最后 72℃延伸 10min，4℃保存。完成 PCR 后，取 3μL PCR 产物在 8%非变性聚丙烯酰胺凝胶上恒电压 150V 电泳 4h，电泳缓冲液为 0.5×TBE，最后用银染法进行染色显影。显影后，用 Epson Expression 10 000XL 影像扫描仪采集图像以便进行后续数据统计分析。从合成的 60 条 SCoT 分子标记引物中共筛选出 24 条用于秦岭石蝴蝶的遗传多样性分析。这 24 条引物均可扩增出清晰的条带，其中引物 SCoT 31 对 3 个居群的 60 份材料的扩增结果如图 3.1 所示。24 条引物共扩增出 322 条 DNA 带，每条引物扩增的条带数在 7～17 条，其中引物 SCoT 6 最少，仅为 7 条，SCoT 40 和 SCoT 56 扩增的条带数最多，均为 17 条，平均每条引物扩增出 13.42 条带。24 条引物共产生 113 条多态性条带，其中 SCoT 34 的多态性比例最高，为 50%，而 SCoT 49 的多态性比例最低，为 15.38%，24 条引物平均多态性为 35.20%。这表明试验所用的 SCoT 引物通用性较强，可以用于秦岭石蝴蝶的遗传多样性研究。秦岭石蝴蝶供试样品的观察等位基因数介于 1.17～1.82，平均为 1.51；有效等位基因数在 1.09～1.67，平均为 1.31。Nei's 基因多样性指数在 0.1028～0.2965，平均为 0.2305。香农-维纳多样性指数在 0.1434～0.4539，平均为 0.3703（表 3.3）。

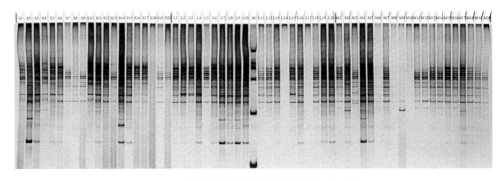

图 3.1　SCoT 31 在供试材料中的扩增结果（孙旺等，2020）

M：DNA Marker D；S1～S20：人工种群；L1～L20：略阳县野生种群；M1～M20：勉县野生种群

三、居群间的遗传分化

本研究使用 Excel 2010 对电泳后的凝胶图像进行条带统计，采用人工统计条带的方法将清晰可辨的电泳条带全部用于统计分析，在凝胶的相同迁移位置上，

表3.3 秦岭石蝴蝶在24条SCoT引物中的遗传多样性指数（孙旺等，2020）

编号	条带数	多态性条带数	多态性比例/%	观察等位基因数	有效等位基因数	Nei's基因多样性指数	香农-维纳多样性指数
SCoT 1	11	4	36.36	1.64	1.22	0.2655	0.4389
SCoT 5	9	2	22.22	1.21	1.15	0.2029	0.3464
SCoT 6	7	3	42.86	1.28	1.19	0.1993	0.2485
SCoT 8	14	4	28.57	1.37	1.21	0.2634	0.4539
SCoT 11	16	4	25.00	1.52	1.33	0.1273	0.2420
SCoT 19	11	5	45.45	1.69	1.39	0.1260	0.2415
SCoT 30	11	4	36.36	1.74	1.34	0.2806	0.4516
SCoT 31	16	7	43.75	1.78	1.45	0.2965	0.4371
SCoT 34	12	6	50.00	1.58	1.41	0.2935	0.4420
SCoT 37	15	7	46.67	1.34	1.19	0.2315	0.4034
SCoT 39	14	5	35.71	1.62	1.37	0.2578	0.4414
SCoT 40	17	5	29.41	1.17	1.09	0.2587	0.4349
SCoT 42	16	6	37.50	1.49	1.25	0.1968	0.2465
SCoT 43	10	3	30.00	1.41	1.26	0.1319	0.2439
SCoT 45	12	5	41.67	1.39	1.29	0.2566	0.4281
SCoT 47	14	5	35.71	1.55	1.32	0.2850	0.4342
SCoT 49	13	2	15.38	1.50	1.36	0.1028	0.1434
SCoT 50	16	5	31.25	1.35	1.28	0.1264	0.2424
SCoT 52	12	4	33.33	1.44	1.29	0.2746	0.4298
SCoT 53	14	5	35.71	1.61	1.41	0.2523	0.4145
SCoT 55	16	5	31.25	1.62	1.37	0.2769	0.4157
SCoT 56	17	6	35.29	1.68	1.41	0.2896	0.4317
SCoT 57	15	7	46.67	1.82	1.67	0.2738	0.4250
SCoT 60	14	4	28.57	1.37	1.24	0.2621	0.4504
平均	13.42	4.71	35.20	1.51	1.31	0.2305	0.3703

将有条带记为"1"，无条带记为"0"。使用 POPGENE Version 1.32 软件，分析供试材料的多态性比例、观察等位基因数、有效等位基因数、Nei's 基因多样性指

数、香农-维纳多样性指数等。应用 GenALEx 6.3 软件进行分子方差分析，计算居群内、居群间的变异方差分布。最后根据居群间的遗传距离，采用非加权组平均法（unweighted pair-group method with arithmetic mean，UPGMA）使用 MEGA 5.0 软件对 3 个种群进行聚类分析。分子方差分析（analysis of molecular variance，AMOVA）显示，在秦岭石蝴蝶总的遗传变异中，15%的变异发生在居群间，85%的变异发生于居群内（表 3.4）。

表 3.4　秦岭石蝴蝶种群内和种群间的 AMOVA（孙旺等，2020）

变异来源	自由度	总方差	均方差	变异组分	百分率/%	P 值
种群间	2	356.2330	178.1170	6.9960	15	<0.001
种群内	57	2177.3500	38.1990	38.1990	85	<0.001

3 个居群平均遗传相似度为 0.9634，平均遗传距离为 0.0369。其中，实验室人工种群（S）和略阳野生群体（L）之间的遗传距离最小，为 0.0296；略阳野生群体（L）和勉县野生群体（M）之间的遗传距离最大，为 0.0455（表 3.5）。

表 3.5　秦岭石蝴蝶种群间的遗传相似度（对角线上方）与遗传距离（对角线下方）
（孙旺等，2020）

种群	S	L	M
S	***	0.9705	0.9646
L	0.0296	***	0.9551
M	0.0357	0.0455	***

根据秦岭石蝴蝶种群间的遗传距离，使用 MEGA 5.0 基于 UPGMA 法构建遗传进化树，结果显示，实验室人工种群（S）和略阳县分布的野生群体（L）聚为一类，而勉县野生群体（M）单独聚为一类。这表明实验室群体与略阳野生群体在遗传距离上较为相近，而勉县野生群体与前两者的遗传距离相对较远。使用 GenALEx 6.3 软件对 3 个居群 60 份样本进行主相关性分析，结果与聚类分析的结果相一致，实验室人工种群（S）和略阳野生群体（L）之间有所交叉，未完全分开，而两者与勉县野生群体（M）之间基本完全分开。造成这一结果的原因很可能是实验室群体最初是采自略阳的野生植株，后经大量繁殖和传代得到，因此它们在遗传背景上较为相近。而勉县野生群体与两者之间遗传距离相对较远，这与

种群之间的地理距离的远近相一致。

第二节 遗传背景与濒危关系分析

遗传多样性是物种适应环境变化和抵御病虫害的前提条件，遗传多样性水平决定了物种长期的生存能力和进化潜力（Booy et al.，2000）。一般来说，物种的遗传多样性越高，它的进化潜力就越大，对环境的适应能力越强；反之，则对环境的适应能力越弱甚至可能灭绝（包文泉等，2016）。因此，研究濒危物种的遗传多样性和遗传结构，对生物资源的合理开发利用和种质资源保护具有重要意义。普遍认为，与广泛分布种相比，稀有种或特有种及分布范围狭窄的植物物种的遗传多样性水平一般较低（李昂和葛颂，2002）。然而也有研究表明，稀有种或特有种可保持较高的遗传变异，濒危物种并不意味着遗传变异水平的下降，不同类型的濒危植物并不都表现出遗传衰退（Richter et al.，1994）。但就秦岭石蝴蝶而言，其较低的遗传多样性水平与其稀有的野生数量和狭窄的地域分布相一致。

一、遗传多样性低可能导致濒危

本研究中，从 24 条 SCoT 引物对秦岭石蝴蝶 3 个种群的扩增结果和分析结果来看，60 份秦岭石蝴蝶供试样品的观察等位基因数介于 1.17～1.82，平均为 1.51；有效等位基因数在 1.09～1.67，平均为 1.31。Nei's 基因多样性指数在 0.1028～0.2965，平均为 0.2305；香农-维纳多样性指数则介于 0.1434～0.4539，平均为 0.3703。Nei's 基因多样性指数和香农-维纳多样性指数检测结果表明供试材料种群的遗传多样性不高。这可能与取样的区域范围狭窄、样本量较小有关，因为野生分布地的秦岭石蝴蝶分布范围极为狭窄，采样无法做到足够分散。同时，从种群间的遗传距离与遗传相似系数可以得出，3 个种群 60 份供试材料间的遗传相似度为 0.9551～0.9705，平均遗传相似度 0.9634，这也进一步说明供试材料之间的遗传相似性极高，遗传背景较为狭窄。秦岭石蝴蝶种群分子方差分析结果显示 15%的变异来自于种群间，而 85%的变异来自于种群内部。这很可能是由于秦岭石蝴蝶3 个居群间存在一定的基因流，从而削弱了由遗传漂变引起的居群间分化程度。因为目前发现的野生秦岭石蝴蝶的分布地有两处，但从地理位置上来看，这两处野生分布地的地理距离非常接近。而前面的研究已经证实秦岭石蝴蝶的种子可育,并且本研究在进行野外采样的过程中,也发现了一些极小的实生苗。因此,非常接近的居群地理位置就很可能造成授粉昆虫在两个居群间进行交叉授粉,从而产生居群间的基因流。而花粉和种子的扩散正是产生基因流的两种主要形式(Slatkin,1981)。

二、其他因素干扰可能导致濒危

秦岭石蝴蝶自命名以来就一直遭受灭绝的风险,但人们对其濒危机制一直不甚清楚。杨平等(2016)从秦岭石蝴蝶的生态学特征角度分析了其群落特征和结构,并对其濒危机制进行了探讨,认为地质运动造成的地理分布格局是其自然分布狭窄和走向濒危的重要原因之一,另外秦岭石蝴蝶生境土壤理化性质及人为干扰和破坏也可能是其濒危的原因之一。本研究对其遗传多样性的分析结果表明,秦岭石蝴蝶各种群内和种群之间的遗传多样性较低,遗传背景狭窄,而这很有可能是造成其环境适应力差,从而导致其处于濒危状态的重要原因之一,而这为其种群的人工恢复工作提出了挑战。此外,不同的分子标记具有不同的多态性检测范围,越来越多的遗传多样性研究趋向于使用多个分子标记共同分析物种的遗传多样性。例如,王梦亮等(2016)采用随机扩增多态性 DNA(RAPD)和简单序列重复区间扩增(ISSR)分子标记对野生红景天(*Rhodiola rosea*)种间亲缘关系及种内的遗传多样性进行了分析。周娜等(2015)采用 ISSR、RAPD 与随机扩增微卫星多态性(RAMP)3 种分子标记分析了收集到的国内外 32 份萝卜(*Raphanus sativus*)种质的亲缘关系与遗传多样性。Golkar 和 Mokhtari(2018)通过序列相关扩增多态性(SRAP)和 SCoT 分子标记分析了来自世界各地的 100 份红花(*Carthamus tinctorius*)的遗传多样性。

因此,秦岭石蝴蝶的遗传多样性评价应该结合形态学表型、简单重复序列(SSR)和 ISSR 等分子标记技术结果,并在扩大样本量的基础上进行多角度的评估,以促进对秦岭石蝴蝶种质资源的保护、种群修复及开发利用。

参 考 文 献

包文泉, 乌云塔娜, 王淋, 等. 2016. 内蒙古西伯利亚杏群体遗传多样性和遗传结构分析. 西北植物学报, 36(11): 2182-2191.

陈大霞, 赵纪峰, 刘翔, 等. 2013. 濒危药用植物桃儿七野生居群遗传多样性与遗传结构的 SCoT 分析. 中国中药杂志, 38(2): 278-283.

丁剑敏, 张向东, 李国梁, 等. 2018. 濒危植物居群恢复的遗传学考量. 植物科学学报, 36(3): 452-458.

李昂, 葛颂. 2002. 植物保护遗传学研究进展. 生物多样性, 10(1): 61-71.

孙旺, 蒋景龙, 胡选萍, 等. 2020. 濒危植物秦岭石蝴蝶的 SCoT 遗传多样性分析. 西北植物学报, 40(3): 425-431.

王梦亮, 任晓琳, 崔晋龙, 等. 2016. 野生红景天的 RAPD 和 ISSR 遗传多样性分析. 中草药, 47(3): 469-473.

熊发前, 唐荣华, 陈忠良, 等. 2009. 目标起始密码子多态性(SCoT): 一种基于翻译起始位点的目的基因标记新技术. 分子植物育种, 7(3): 635-638.

杨平, 陆婷, 邱志敬, 等. 2016. 濒危植物秦岭石蝴蝶的生态学特性及濒危原因分析. 植物资源与环境学报, 25(3): 90-95.

周娜, 李丹丹, 陶伟林, 等. 2015. 萝卜种质遗传多样性的ISSR, RAPD 与RAMP 分析. 西南农业学报, 28(2): 704-712.

Booy G, Hendriks R J J, Smulders M J M, et al. 2000. Genetic diversity and the survival of populations. Plant Biology, 2(4): 379-395.

Collard B C Y, Mackill D J. 2009. Start codon targeted(SCoT)polymorphism: a simple, novel DNA marker technique for generating gene-targeted markers in plants. Plant Molecular Biology Reporter, 27(1): 86-93.

Golkar P, Mokhtari N. 2018. Molecular diversity assessment of a world collection of safflower genotypes by SRAP and SCoT molecular markers. Physiology and Molecular Biology of Plants, 24(6): 1261-1271.

Richter T S, Soltis P S, Soltis D E. 1994. Genetic variation within and among populations of the narrow endemic, *Delphinium viridescens*(Ranunculaceae). American Journal of Botany, 81(8): 1070-1076.

Slatkin M. 1981. Estimating levels of gene flow in natural populations. Genetics, 99(2): 323-335.

Sokal R R, Jacquez G M, Wooten M C. 1989. Spatial autocorrelation analysis of migration and selection. Genetics, 121(4): 845-855.

第四章　秦岭石蝴蝶人工繁育技术研究

本章结合前人研究及本课题组相关研究成果，从不同的繁殖方式综述了极小种群野生植物秦岭石蝴蝶的繁殖技术研究进展。重点阐述了秦岭石蝴蝶的分株繁殖、叶片扦插繁殖和叶片离体组织培养 3 种无性繁殖技术及人工辅助授粉技术和种子繁殖技术。虽然秦岭石蝴蝶被认为是通过有性繁殖和无性繁殖共同维持种群数量，但是一直以来有性繁殖方式并未得到确切证实。陕西理工大学秦岭石蝴蝶研究与保护团队，分别通过室内栽培苗和户外驯化苗的人工授粉方式得到了大量的秦岭石蝴蝶种子，经过春化处理后，播种得到大量实生苗，既肯定了秦岭石蝴蝶的有性繁殖方式，也为后期野外回归奠定了坚实的基础。

第一节　无性快速繁殖技术

一、扦插繁殖技术

扦插是一种常用的植物人工无性繁殖方式，根、茎、叶等不同部位均可用于扦插繁殖。这一技术因其简单易行、繁殖较快的特点，在多种苗木花卉的人工繁殖上被大量应用。近年来对于许多珍稀濒危植物的人工繁殖也运用了这一技术。秦岭石蝴蝶为苦苣苔科植物，目前对于该科植物的扦插繁殖研究也在逐步开展。邱志敬等（2015）总结了苦苣苔科各属植物的扦插生长特性，分析了各类基质的优劣，并筛选出了各属高效扦插繁殖的方法。秦岭石蝴蝶叶片草质，离体叶片较易分化生根，可进行扦插繁殖。杨平等（2016）以秦岭石蝴蝶叶片为试材，对不同扦插基质和不同扦插方式进行了比较研究，筛选出适用于秦岭石蝴蝶扦插繁殖的方法，以期获得大量性状整齐的植株，为该濒危物种的保护和回归工作奠定基础。本研究通过比较不同培养基质配比和不同扦插方式，即全叶、上半叶及下半叶 3 种形式下秦岭石蝴蝶离体叶片的成活率及不定根生长的情况，发现以全叶扦插方式在珍珠岩、蛭石、泥炭土为 1∶1∶1 的基质上进行扦插繁殖,是秦岭石蝴蝶的最佳叶插繁殖方法。

蒋景龙等(2019)也进行了扦插繁殖研究,其采用了 4 种不同的土壤配方:珍珠岩∶泥炭土=1∶1 混合、珍珠岩∶蛭石∶泥炭土=1∶1∶1 混合、太古石粉末∶蛭石=1∶3 混合、珍珠岩∶蛭石∶干燥苔藓粉末=1∶1∶1 混合。按照体积比混匀后浸泡 1h 后过滤,然后高压蒸汽灭菌 40min,或者提前 1 天用 1%的百菌清溶液浇灌,放置至干燥后使用。结果表明,珍珠岩∶蛭石∶泥炭土=1∶1∶1 混合和珍珠岩∶蛭石∶干燥苔藓粉末=1∶1∶1 混合的基质上秦岭石蝴蝶生长较好,其中加入干燥的苔藓粉末效果最好。此外,蒋景龙等(2019)还对扦插繁殖技术进行了优化,具体方案为选取的叶片应肥厚健壮大小适宜,无虫咬、残损、黄化等现象,取叶时将叶片连同叶柄一起剪下,叶柄长度以 1.0~1.5cm 为宜。可以全叶扦插,也可半叶扦插,其中以全叶扦插效果较好,成活率最高。扦插时使用 2000 倍 ABT 生根粉溶液迅速浸泡叶片基部 20~30s,而后扦插,扦插深度以 2cm 为宜。叶片扦插后及时喷淋浇灌,扦插后培育阶段要采取措施降低光照强度以减少叶片蒸腾速率。扦插后 30 天即可生根,40 天即可出芽,平均每片叶出芽 3~6 株,70 天即可将扦插长出的丛生芽进行分株、移栽、定植。扦插繁殖简单易行,取材方便,可大量获得秦岭石蝴蝶扦插幼苗,但扦插繁殖周期较长。为进一步缩短扦插育苗周期,可在出芽后一周内将已经干枯发黄的扦插叶片剪掉,避免与幼芽争夺养分,经试验此方法可加速幼芽的生长,缩短扦插育苗周期 10 天。

栽培整株植株时,注意移栽的植株最好带原来的附着物,并保持湿润,然后保持一定行距进行移栽,深度不超过 2cm,当生长出新植株时及时移栽。选择带叶柄的新鲜叶片,保持叶柄 2~3cm,将叶柄斜插在配制的基质 2cm 处,扦插后用 2%的生根溶液喷于基质表面。通过研究发现,秦岭石蝴蝶叶片扦插的平均出芽时间为 40 天,形成的新芽主要分布于叶柄及叶脉部位,通过扦插繁殖也获得了大量的秦岭石蝴蝶植株。扦插繁殖简单易行,取材方便,可大量获得秦岭石蝴蝶扦插幼苗,但扦插繁殖周期较长、离体叶片死亡率高、幼芽生长缓慢,这是目前秦岭石蝴蝶扦插繁殖面临的主要问题。

二、分株繁殖技术

自然条件下,秦岭石蝴蝶主要靠根状茎上的侧芽繁殖,一般每条根状茎可发育出 2～3 个侧芽。侧芽从老叶的叶腋处长出，随着生根侧芽的继续生长，其渐渐会与母体植株分离而形成独立植株。可能正是由于存在这种特殊的无性繁殖方式，野外分布的秦岭石蝴蝶居群常成簇生长，分布较为集中。分株繁殖操作简单且幼苗生长旺盛、健壮，一般成活率可达到 99.5%，但分株繁殖速度较慢、周期较长，侧芽数目少是限制分株繁殖速度的主要因素。

秦岭石蝴蝶侧芽生长于叶腋处（图 4.1A），人工培养下最多可发育出 9～10 个侧芽（图 4.1B）。秦岭石蝴蝶的人工分株繁殖就是基于这一生长繁殖特性，人工将其已生根的侧芽或丛生的带有球茎的新植株（图 4.1C），轻轻与母体分离，然后重新移植，精心管理即可成活。除叶腋处，又观察到在较为健壮的花梗苞片处也有侧芽长出（图 4.1D），且花梗干枯后，侧芽仍具有活力，栽种后仍可成活（图 4.1E）。侧芽的生长一般在花期之前的 45 天，室内培养最佳分株繁殖的时间为花期过后的 60 天，此时侧芽已经生长健壮且已经生根，移栽成活率最高。室外苗圃分株繁殖的最佳时间为 4～5 月前后，将丛生的秦岭石蝴蝶人工分离后进行移栽，当年即可开花。

三、叶片离体组织培养技术

除扦插繁殖和分株繁殖外，秦岭石蝴蝶的人工繁殖也可采用组织培养技术。通过组织培养技术可获得大量无菌的秦岭石蝴蝶组培苗。由于秦岭石蝴蝶叶片草质，质地较脆，其外植体的消毒是组织培养中的一大难点，消毒时间过长易造成外植体坏死，消毒时间过短又会导致污染率升高。此外，不同的消毒剂对外植体的消毒效果也不同。通过离体叶片微扦插与表面消毒相结合的方法，建立二级缓冲的消毒方式改良了消毒效果。结果显示，借助于"无菌微扦插"这一前处理，对叶片微生物的数量缓冲稀释之后，再用 0.1%升汞短时间消毒，能够较好地解决秦岭石蝴蝶叶表面消毒的问题。秦岭石蝴蝶组织培养的另一大难点是培养基中激素的配比。经研究，不同的激素配比会造成秦岭石蝴蝶外植体不同的分化趋势，氯吡苯脲（CPPU）与吲哚丁酸（IBA）更倾向于直接诱导不定芽的形成，而 6-苄基腺嘌呤（6-BA）在培养初期主要诱导叶片脱分化形成绿色愈伤组织。采用组织培养技术可获得大量无菌的秦岭石蝴蝶幼苗，对于秦岭石蝴蝶的遗传转化和再生体系建立奠定基础，同时无论是在现阶段的濒危保护，还是在未来的大规模商品化生产

图 4.1 侧芽与分株繁殖

A~B. 生长于叶腋处的侧芽；C. 球茎；D~E. 花梗上生长的侧芽；F. 通过分株繁殖的秦岭石蝴蝶

方面，都具有重要意义。但组织培养成本较高，幼苗生长缓慢，同时还需驯化，延长了繁殖周期。另外，消毒方式及培养基激素的配比还需进一步优化。

（一）消毒体系的建立

选择生长健康、颜色均一的秦岭石蝴蝶叶片，用软毛刷或纱布擦拭，去除表面尘土与杂质，放入广口瓶中，滴 2 滴洗洁精，加水振荡洗涤 10min，再用流水冲洗 30min，备用。将秦岭石蝴蝶叶片转移至超净工作台上，用不同的消毒剂进行处理（表 4.1）。处理后将无菌材料接种至 MS+IBA 培养基中，定期观察消毒效果（表 4.2）。

将秦岭石蝴蝶叶片采用 0.1%升汞分别处理 2min、3min、5min 与 8min，接种至 MS+IBA 培养基中，定期观察消毒效果。结果 4 个处理表现出明显的消毒规律（图 4.2）。

表 4.1　不同消毒剂对秦岭石蝴蝶叶片处理

处理编号	75% C₂H₅OH	0.1%升汞	2% NaClO 溶液	3% H₂O₂	H₂O（无菌水）
XD01	/	/	/	/	7~8 次
XD02	/	/	5min	/	7~8 次
XD03	/	/	/	5min	7~8 次
XD04	/	5min	/	/	7~8 次
XD05	20s	2min	/	/	7~8 次

表 4.2　不同消毒剂对秦岭石蝴蝶叶片消毒效果比较表（%）

处理	处理后叶片状态	培养 5 天		培养 10 天		培养 20 天	
		污染率	坏死率	污染率	坏死率	污染率	坏死率
XD01	叶片鲜绿，质地硬脆，易切分	100.00	0.00	100.00	100.00	100.00	100.00
XD02	叶片变暗、变软，切口漂白	45.95	45.95	54.05	75.68	100.00	100.00
XD03	叶片鲜绿，质地硬脆，易切分	63.41	63.41	100.00	100.00	100.00	100.00
XD04	叶片绿色，质地较硬脆，易切分	0.00	0.00	13.33	83.33	13.33	100.00
XD05	叶片脱水发黄、变软，不易切分	0.00	100.00	5.26	100.00	5.26	100.00

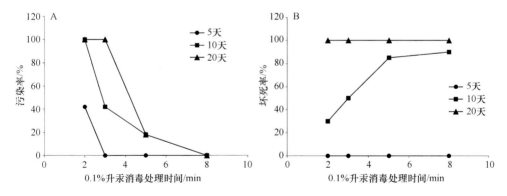

图 4.2　0.1%升汞对秦岭石蝴蝶叶片消毒效果比较

　　结果表明，消毒时间短，叶片细胞活性较强，但污染率很高；消毒时间长，污染率降低，但坏死率又显著增高。这说明需要找到一个处理时间的平衡点，既能降低污染率，同时又能较好地保持外植体的细胞活性。秦岭石蝴蝶叶表面消毒效果不理想，研究采用离体叶片微扦插与表面消毒相结合，建立二级缓冲消毒方式改良消毒效果。试验以无菌水冲洗 7～8 次为对照，10 天后统计消毒效果，30 天观察外植体诱导效果。结果发现，仅用无菌水处理，培养 10 天外植体全部污染，而用 0.1%升汞处理 2min 污染率较低（29.63%）；由于处理时间短，叶片细胞活性也相对较高，坏死率仅 22.22 %，成活的外植体全部诱导脱分化，诱导率 100%（图 4.3）。由此可见，借助于"无菌微扦插"这一前处理，对叶片微生物的数量缓冲稀释之后，再用 0.1%升汞短时间消毒，能够较好地解决秦岭石蝴蝶叶表面消毒的问题。

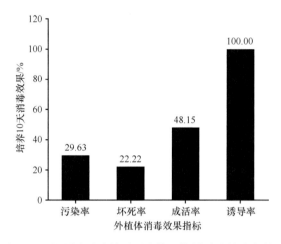

图 4.3　二级缓冲消毒体系对秦岭石蝴蝶叶片的消毒效果

（二）外植体的诱导分化

将消毒处理的秦岭石蝴蝶叶片，分别接种至附加噻苯隆（TDZ）、CPPU、2,4-二氯苯氧乙酸（2,4-D）、萘乙酸（NAA）、IBA、6-BA 的 MS 培养基中，蔗糖 30g/L、琼脂 6.5g/L，调节培养基 pH 至 5.8，定期观察外植体脱分化形成不定芽或愈伤组织的情况。通过二级缓冲消毒体系处理的秦岭石蝴蝶叶片，接种至含有不同激素的培养基中，培养 30 天除 2,4-D 与 NAA 处理外，TDZ、CPPU、IBA 与 6-BA 均能较好地诱导秦岭石蝴蝶叶片外植体脱分化与分化，且诱导途径表现出明显的多态性（表 4.3）。

表 4.3　不同激素对秦岭石蝴蝶叶片初代培养的效果比较

培养基类型	不定芽			愈伤组织		诱导率/%
	发生、特性	形成数量	诱导率/%	质地、颜色	生长速率	
MS+TDZ	/	/	0	在叶柄处形成黄绿色愈伤组织，质地疏松	+++	100
MS+CPPU	原叶片变褐坏死，叶柄处形成不定芽	相对较少	35	/	/	0
MS+IBA	叶柄或叶表面处形成不定芽	大量不定芽	92	/	/	0
MS+6-BA	少数外植体直接形成不定芽	较多	100	形成绿色愈伤组织，致密	++	100

注："+"表示愈伤组织生长速率，"+"越多愈伤组织生长速率越大；"/"表示不能形成愈伤组织

　　MS 培养基中添加的 TDZ，培养 21 天，在叶柄处形成黄绿色愈伤组织，所有成活外植体均可诱导出愈伤组织，愈伤组织质地疏松，生长速度较快；将愈伤组织接种至 MS+6-BA 培养基中，愈伤组织逐渐分化形成不定芽。胡选萍等（2022）研究发现，CPPU 与 IBA 更倾向于直接诱导不定芽的形成。对于激素 CPPU，不定芽主要从叶柄处形成，不定芽体积较大，数量较少，发生速度相对较慢，随着新不定芽的大量产生，原叶片褐变坏死。IBA 可诱导秦岭石蝴蝶叶片外植体从叶柄及叶面产生，诱导不定芽数量多，呈黄绿色，体积小，生长密集，每个外植体平均产生不定芽 28 个，其中单个外植体最多形成不定芽 59 个。另外，实验发现附加 IBA 的培养基在培养至 40 天，丛芽可诱导生根，产生不定根 8～12 条。6-BA 在培养初期主要诱导叶片脱分化形成绿色愈伤组织，质地比较致密，生长速度较慢，培养至 40 天，愈伤组织逐渐分化形成丛生芽。到目前为止，在秦岭石蝴蝶叶片外植体接种至附加 2,4-D 与 NAA 的培养基中，没有观察到明显的形态建成。

（三）继代培养与炼苗

　　将诱导出的秦岭石蝴蝶愈伤组织，接种至附加 TDZ、2,4-D 与 NAA 的培养基中，置于 25℃±2℃、湿度＞70%的环境条件下散射光培养。实验结果表明，秦岭石蝴蝶愈伤组织接种至附加 TDZ 的培养基中，愈伤组织体积逐渐增加，呈团块化生长，质地较为致密；培养 30 天，愈伤组织表面逐渐分化形成不定芽，形成的芽

体体积大，数量少。而将愈伤组织接种至附加有 2,4-D 与 NAA 的培养基中，愈伤组织几乎无生长，随着培养时间的延长，愈伤组织逐渐开始褐化，最终坏死。将秦岭石蝴蝶不定芽接种至附加 6-BA、NAA、IBA 的 MS 培养中，以 MS 基本培养基为对照，置于 25℃±2℃、湿度＞70%、2000lx 光照的环境条件下培养，定期观察。结果显示，0.1mg/L 6-BA+0.2mg/L NAA+0.1mg/L IBA 诱导芽分化（诱导率为95.3%）效果最好。0.1mg/L IBA 诱导生根效果最好。珍珠岩、蛭石和泥炭基质（2：1：1）比例适合炼苗。

第二节　有性繁殖技术

目前人工繁殖秦岭石蝴蝶方法主要为无性繁殖，包括叶片扦插和组织培养等，但该方法获得的秦岭石蝴蝶成苗均来自无性繁殖，没有基因交流，遗传型比较单一，降低了秦岭石蝴蝶的物种多样性，不利于后期的秦岭石蝴蝶野外回归和迁地保护。

一、人工辅助授粉技术

自然条件下秦岭石蝴蝶可通过昆虫进行授粉，但即便如此其自然结实率也较低，且存在败育现象。在长期的人工荫棚栽培条件下也观察到了多种访花昆虫，但荫棚的存在也对一些昆虫的访花行为造成了阻碍，因此采取一定的方法进行人工辅助授粉就显得十分必要。在秦岭石蝴蝶花冠完全展开时，选择天气晴朗的上午 10:00～11:00，选取 100 株生长健壮、花序杆粗壮的秦岭石蝴蝶植株进行授粉。左手轻轻托起花朵，右手持自制小毛笔在花蕊处轻轻蘸取花粉，并授粉于另一株花朵的柱头之上，授粉时动作要轻柔，避免损伤柱头（图 4.4A）。授粉时应采取多个植株多个花序交叉授粉的方式，减少自交的发生，每一朵花在 2 天之内，连续授粉 2 次。授粉成功的花朵，在花冠败落之后的 7 天内，子房开始发育，果实开始膨大，呈翠绿色，经过 45 天的生长之后果实成熟形成蒴果（图 4.4B）。蒴果自然干枯后，轻轻摘下，置于阴凉通风处 3 天使其自然干燥，最后将干燥后的蒴果收集到干燥离心管内，放入在 4℃冰箱中进行春化 60 天（图 4.4C）。

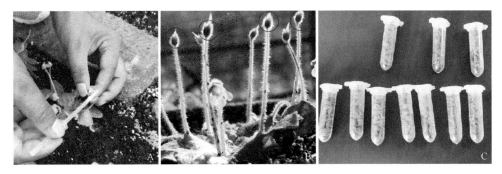

图 4.4　秦岭石蝴蝶人工授粉与果实的收集

A. 秦岭石蝴蝶人工授粉；B. 授粉后的秦岭石蝴蝶膨大的蒴果；C. 成熟后收集到的秦岭石蝴蝶蒴果

二、种子繁殖技术

虽然秦岭石蝴蝶被认为是以有性繁殖和无性繁殖 2 种方式共同维持种群数量，但是一直以来有性繁殖方式并未得到确切证实。有研究者将野外采回的秦岭石蝴蝶种子放入 15℃、25℃培养箱中连续培养 60 天，均无发芽。经分析，造成种子不育的原因是秦岭石蝴蝶 8～9 月花期时，正值勉县的雨季，这时的光照、气温和降水均不利于柱头授粉和子房发育，因此在自然条件下，存在种子不育的现象。

胡凤成等（2021）将收集到的秦岭石蝴蝶自然成熟种子放在离心管或自封袋中，封口放置在 4～6℃冰箱里，分别设置 15 天、30 天、45 天和 60 天的春化时间，剥开蒴果，用铅笔轻轻敲蒴果，使微小的种子撒在干净的白纸上。秦岭石蝴蝶种子微小，种量丰富，每个蒴果有 350～400 粒种子，种子长 0.45mm，宽 0.14mm，黑褐色。选择干净过筛的细沙，进行高压蒸汽灭菌 20min，然后平铺于培养皿中，将白纸上的种子均匀地撒在基质上，用小喷壶喷水至细沙湿润，盖上皿盖置于 26℃±1℃的培养箱中，暗培养 5～7 天后转为光照培养，光照强度为 3000lx。每隔 2 天喷一次 Hoagland 营养液，每次喷至湿润即可。在第 12 天时秦岭石蝴蝶幼苗的叶宽 1mm，一侧叶片尖部还留有种皮。30 天出芽数达到最多，出芽率为 50%，其中最早出芽的小苗已长至 0.5cm 大小。培养 50 天后将培养皿中的幼苗移栽至灭菌的基质中，基质中含有泥炭土、珍珠岩、蛭石，其体积比为 1∶1∶1。

笔者采用人工授粉、蒴果后熟、种子春化及基质培育和移植等方法，实现了人工条件下秦岭石蝴蝶的种子繁殖。种子繁殖的优点和有益效果在于：①秦岭石蝴蝶种子的成功萌发，证实了其有性繁殖方式的存在，否定了其种子不可育的猜测，为秦岭石蝴蝶的人工繁殖提供了新的思路。②解决了无性繁殖的遗传背景单一的问题，对今后秦岭石蝴蝶的种群保护与开发应用方面的研究具有重要科学意义。③与现有的秦岭石蝴蝶无性繁殖相比，不仅方法简单、节约成本，还丰富了物种的多样性，由于蒴果中的种子数目极多，大大提高了人工繁殖的效率。④方法简单易操作，不需要借助昂贵的仪器设备，仅需提供简单的培养条件即可实施。

参 考 文 献

胡凤成, 赵新锋, 蒋丽萍, 等. 2021. 秦岭石蝴蝶育苗技术. 陕西林业科技, 49(2): 106-109.
胡选萍, 蒋景龙, 王琦, 等. 2022. 秦岭石蝴蝶叶片离体组织培养技术. 北方园艺, 10: 70-76.
蒋景龙, 孙旺, 胡选萍, 等. 2019. 珍稀濒危植物秦岭石蝴蝶的繁育研究现状. 分子植物育种, 17(9): 3024-3029.
邱志敬, 邹纯清, 谭小龙, 等. 2015. 苦苣苔科植物的扦插繁育研究. 北方园艺, 39(11): 60-65.
杨平, 陆婷, 邱志敬. 2016. 濒危植物秦岭石蝴蝶的叶插繁殖研究. 北方园艺, 40(11): 57-60.

第五章　秦岭石蝴蝶苗圃育苗与驯化技术

本研究经过前期对极小种群野生植物秦岭石蝴蝶繁育技术的摸索，建立了一套稳定的扦插、叶片离体组织培养、种子繁殖等育苗技术，在室内获得了一定数量的秦岭石蝴蝶成苗，但是由于室内条件的限制，这些秦岭石蝴蝶幼苗不能直接开展野外回归，需要经过一定时间的驯化。此外，为了满足后期大规模的野外回归条件，也需对一批秦岭石蝴蝶成苗进行户外驯化。为了满足上述要求，从 2018 年开始，在秦岭石蝴蝶的野外分布地——略阳县林木种苗工作站（略阳县苗圃）（北纬 33.29°，东经 106.21°），建立了"秦岭石蝴蝶人工繁育与驯化基地"，开始探索户外的苗圃育苗和驯化技术。经过 5 年的秦岭石蝴蝶育苗实践，目前每年能够实现繁育 10 000 株的秦岭石蝴蝶成苗并经过越冬驯化，为秦岭石蝴蝶的野外回归源源不断地提供种苗，同时还积极开展了秦岭石蝴蝶的苗圃育苗技术、生殖学、仿生态栽培技术等研究（蒋景龙等，2023）。

本章从苗圃的设施建设、栽培基质的配比、苗圃的繁育技术、营养生长期的管理、病虫害防治、生殖生长期及越冬期管理等方面，总结归纳了秦岭石蝴蝶的苗圃栽培与驯化的关键技术，为后期秦岭石蝴蝶野生种群的修复、大规模野外回归和观赏性开发奠定基础。同时根据国家林业和草原局发布的《极小种群野生植物苗木繁育技术规程》（LY/T 3186—2020）（臧润国等，2020），结合秦岭石蝴蝶近几年的苗圃繁育实践，总结了秦岭石蝴蝶的苗圃繁育和管理技术要点。

第一节　秦岭石蝴蝶人工繁育与驯化基地建设要点

一、基地选址要求

本研究依据"气候相近、管理规范、交通便利"原则，最后将"秦岭石蝴蝶人工繁育与驯化基地"选址在陕西汉中市略阳县接官亭镇略阳县林木种苗工作站

（略阳县苗圃）。该站位于秦岭南麓西段，海拔 720m，年平均降雨量 860mm，年最大降雨量 1353.3mm，年最小降雨量 597.9mm，降雨多集中在 7～9 月，占全年降雨量的 56.6%。年均气温 13.2℃，最冷月（1 月）气温 1.8℃，最热月（7 月）气温 23.7℃，极端最高气温 37.7℃。距离秦岭石蝴蝶略阳县野外分布地 20km，交通便利，苗圃具有基本的水电设施，苗圃基地较为平整，苗圃基地一侧有 2.5m 深、6～8m 宽的排水渠，避免夏季暴雨造成基地的"水牢"，基地管理规范，有专业人员进行专门管理，基本满足了建设"秦岭石蝴蝶人工繁育与驯化基地"（以下简称"基地"）的选址要求。

二、基地设施建设

考虑到其自然分布地，秦岭以南的地区可选择荫棚栽培（冬季植株休眠越冬）或温室大棚栽培。秦岭以北的地区因冬季温度过低，可采用控温温室大棚进行栽培管理。为尽量模拟野生环境，方便后期移栽成活，提高植株对环境变化的适应能力，不建议选择温室大棚来进行长期培养。为方便精细化管理，苗床不宜过大，每个育苗床一般为 1m×2m，四周以中空混凝土方砖垒砌，高 40～45cm，宽 20～30cm（图 5.1A），苗床底部铺设深度为 20cm 的太古石碎石，以增加透水透气性，棚内统一配备雾化喷灌系统。苗床高出地面高 40～45cm，有利于雨季的排水，同时苗床周围应设置 1.5m 高的铁丝网，防止夜间大型动物的踩踏，以免造成秦岭石蝴蝶的损失。苗圃应以较粗的方钢或圆柱形钢管为框架搭建，防止大风造成的倒塌，框架为两头半圆形，最高处为 2.5m，方便栽培管理和通风透气（图 5.1A）。秦岭石蝴蝶喜湿怕涝，自然条件下生长于阴湿山沟的崖壁、山石或林下，因此在人工栽培时需要进行适当遮阴处理并注意通风，在夏季阳光强烈时应选择遮阳网

图 5.1 苗床建设与庇荫处理

A. 苗床建设；B. 育苗棚庇荫处理；C. 后期用游泳池改建的苗床

庇荫处理（图 5.1B）。在后期开展秦岭石蝴蝶大规模野外回归过程中，需要大量的秦岭石蝴蝶成苗，因此在前期 2 个苗圃的基础上，又在周边将一个废弃的游泳池进行改建，并扩建一个苗圃，同时该游泳池具有非常好的排水系统（图 5.1C），节约了成本，效果比较好，先后繁殖了秦岭石蝴蝶 20 000 余株。依据国家林业和草原局发布的《极小种群野生植物苗木繁育技术规程》（LY/T 3186—2020）（臧润国等，2020）规范要求，如果经费、场地和设施等条件不允许，也可以采样容器，如花盆和穴盘等育苗容器育苗。

三、苗圃规划和分区

为了便于精细化管理和提高苗床利用效率，应将荫棚下的苗床设置不同的功能分区。同时要注意，在开展繁殖时，要建立秦岭石蝴蝶来源的遗传谱系，以标签标记用于扦插的叶片的来源。苗床具体可被分为五大区域：①叶片扦插繁殖区。扦插是快速繁殖的重要手段，很多濒危植物尤其是木本植物的枝条和草本植物的叶片，都是开展扦插繁殖的较好材料（张若晨，2018）。每年春季在叶片扦插繁殖区定期开展秦岭石蝴蝶植株的叶片扦插繁殖，以扩大秦岭石蝴蝶的人工繁育规模。②分株苗定植区。将分生繁殖的侧芽分离定植成多个单株进行栽培。③组培苗定植区。主要是将叶片离体组织培养繁殖的幼苗进行炼苗定植。尽管前期已经建立了稳定的秦岭石蝴蝶组织培养体系，并在室内进行了一定的炼苗（胡选萍等，2022），但是无法在室内完成越冬驯化，因此应该将组培苗于春季在 23～25℃时尽快移植到基地。④种子繁殖苗定植区。收集发育成熟的秦岭石蝴蝶蒴果，置于 4℃冰箱内进行春化处理，然后将种子从裂开的蒴果中抖出，混合一定比例的河沙后，播种到种子繁殖区。同时将这一区分成两个部分，一个部分进行封闭，防止昆虫授粉，用于开展人工授粉实验；另一部分为开发区域，用于观察和统计昆虫授粉与访花昆虫。⑤种子收集区。这一区域主要栽培由通过有性生殖获得的种子繁殖的成苗，同时在花期和结实期收集蒴果，用于后期种子萌发实验。每个区域应该由明显的标识牌标记，对每个区域的秦岭石蝴蝶生长情况和管理情况应定期进行严格记录。

四、苗圃培养基质配制

秦岭石蝴蝶在不同的生长阶段，对营养的需求不同，如在快速繁殖期，应该提供足够的营养，而秦岭石蝴蝶结实后对营养需求明显降低，在冬季的越冬期，几乎不需要营养（蒋景龙等，2019）。根据国家林业和草原局发布的《极小种群野生植物苗木繁育技术规程》（LY/T 3186—2020）（臧润国等，2020）规范，种子育苗基质应因地取材，具有保湿、通气、透水的良好理化性状，且质轻，无病菌、虫卵、种子和石块等杂物。秦岭石蝴蝶育苗主要选择珍珠岩、蛭石、泥炭土、河沙等基质。同时，应根据秦岭石蝴蝶功能分区和不同生长阶段配制不同的培养基质：①扦插快繁基质：珍珠岩∶蛭石∶泥炭土=1∶1∶1；主要满足透气需求，便于生根；②幼苗生长基质：珍珠岩∶蛭石∶泥炭土=1∶1∶3，同时在这个比例的基础上适当增加氮肥的含量，满足快速生长的需要；③成苗花期培养基质：珍珠岩∶太古石粒∶泥炭土=1∶1∶2，同时在这个比例的基础上适当增加磷肥和钾肥的含量，满足花期和果荚生长的需要；④种子萌发基质：蛭石∶河沙=1∶2，在幼苗萌发至肉眼可见时，及时移植到上述的种子苗繁殖区。以上所有基质使用前应用 50%多菌灵或 70%甲基硫菌灵可湿性粉剂进行杀菌消毒，拌匀待用。

第二节　苗圃管理技术

一、营养生长期管理

秦岭石蝴蝶野外生长环境为阴湿环境，人工栽培应根据季节变化采用不同型号的遮阳网进行庇荫处理，夏季高温时段采用遮光率 70%的遮阳网控制光照，春、秋季采用遮光率 50%的遮阳网进行控光，具体也要根据天气阴晴情况进行适当调整。秦岭石蝴蝶喜水怕涝，生长旺盛季节需水量较多，选择喷雾灌溉系统，春、秋季 2～3 天浇水 1 次，夏季温度较高、蒸发量大，应加大浇水量，每天浇水 2 次。秦岭石蝴蝶在 20～30℃范围内均可正常生长，最适生长温度为 25℃±2℃（胡凤成等，2021）。

自配基质具有足够的养分，因此不需要额外追肥。自然条件下秦岭石蝴蝶病虫害较为普遍，多见于虫害造成的叶片损伤，但在人工栽培条件下并未发现明显的病虫害现象，在后期管理中也应注意观察，提高警惕。在实际操作中可采取及时清除黄化的老叶、病叶，合理调控温湿度，合理灌溉等措施，以预防为主综合防治，一经发现及时采取对应措施。同时，连续栽培 2～3 年的苗床，应该将苗床的土进行深翻，隔年夏季暴晒消灭虫卵或消毒后再使用。

二、繁殖期生长管理

繁殖期自然条件下秦岭石蝴蝶可通过昆虫进行授粉，但即便如此其自然结实率也较低，且存在败育现象。在长期的人工荫棚栽培条件下也观察到了多种访花昆虫，但荫棚的存在也对一些昆虫的访花行为造成了阻碍，因此采取一定的方法进行人工辅助授粉就显得十分必要。夏季温度较高，荫棚内温度应控制在30℃以内，湿度80%，除采取遮阴措施外，也可在温度较高时通过雾化喷灌来降低荫棚内的温度及增加湿度。此外，在秦岭石蝴蝶盛花期，应注意喷灌造成的授粉障碍，由喷灌改为滴灌。

三、越冬期驯化管理

冬季植物进入休眠状态是植物的一种自我防御和保护措施，这一方面可以减少营养的消耗从而积累能量，另一方面也可以完成自身组织器官的更新，从而有利于自身的生长和代谢（黄琴等，2017）。秦岭石蝴蝶为多年生草本植物，自然条件下冬季处于休眠状态，仅留有多毛的芽心和球茎宿存于地表或土壤浅层。采用控温温室大棚进行栽培管理可在冬季到来之前就进行温度调控，保持棚内温度不低于15℃，从而避免秦岭石蝴蝶进入休眠状态。使用开放式荫棚栽培时，在冬季则应采取适当的防寒防冻措施。可采取苗床覆土或覆盖地膜防霜防冻，或覆盖稻草进行保温，同时减少浇水量。入冬后阳光减弱，植株进入休眠期停止生长，水分蒸发少，因此可适当减少浇水次数，保证基质有可感湿度即可。

四、苗圃档案管理

在整个秦岭石蝴蝶的育苗、驯化、病虫害管理、科学研究等方面，苗圃要建立基本情况、技术管理和科学试验各项档案。档案记录系统要求完善并统一管理。档案的建立和管理由项目的具体实施单位和技术支撑单位共同合作完成。

参 考 文 献

胡凤成, 赵新锋, 蒋丽萍, 等. 2021. 秦岭石蝴蝶育苗技术. 陕西林业科技, 49(2): 106-109.
胡选萍, 蒋景龙, 王琦, 等. 2022. 秦岭石蝴蝶叶片离体组织培养技术. 北方园艺, 10: 70-76.

黄琴, 邓洪平, 王鑫, 等. 2017. 濒危药用植物缙云黄芩扦插繁殖研究. 西南大学学报(自然科学版), 39(10): 35-41.

蒋景龙, 孙旺, 胡选萍, 等. 2019. 珍稀濒危植物秦岭石蝴蝶的繁育研究现状. 分子植物育种, 17(9): 3024-3029.

蒋景龙, 王琦, 胡凤成, 等. 2023. 濒危植物秦岭石蝴蝶保护10年回顾. 陕西理工大学学报(自然科学版), 39(3): 48-53.

臧润国, 李家儒, 黄继红, 等. 2020. 极小种群野生植物苗木繁育技术规程(LY/T 3186—2020). 北京: 中国标准出版社.

张若晨. 2018. 大果榉嫩枝扦插繁殖技术研究. 山西农业科学, 46(2): 234-235.

第六章 人工繁育秦岭石蝴蝶花器变异研究

变异现象在植物界普遍存在，而花的器官变异则是植物变异中的一大类。花不仅是植物有性生殖的重要器官，也是许多观赏植物的重要观赏部位。花器官形态的多样性不仅可以增加植物的观赏性（唐璐璐等，2013），也是研究植物器官形态建成和组织发育模式的理想材料（戎利勤等，2018）。植物花器官形成的早期研究是通过拟南芥（*Arabidopsis thaliana*）和金鱼草（*Antirrhinum majus*）等花的器官突变体进行的，并在此基础上建立了花器官发育的 ABC 模型，在该模型中，花器官由 A、B 和 C 三类器官特征基因所控制（Coen and Meyerowitz，1991；Sawada et al.，2019）。A 类基因控制第一轮花萼的形成，A 类和 B 类基因共同控制第二轮花瓣的发育，B 类和 C 类基因共同控制第三轮雄蕊的形成，C 类则调控第四轮心皮的形成；A 类基因和 C 类基因相互抑制，当 C 类基因丧失功能后，A 类基因在花的整个发育时期表达，同样当 A 类基因丧失功能后，C 类基因则在花的整个发育时期表达（于明明等，2009；Zhang et al.，2015；王雪等，2020）。最初该模型被广泛接受，但随着研究的深入，出现了许多该模型无法解释的现象，在随后的研究中该模型逐步被发展和完善为 ABCD 模型和 ABCDE 模型（苏金源等，2020），同时也逐步提出其他花器官发育模型如四聚体模型和核小体拟态模型等。近年来有关花器发育的研究围绕 MADS-box 基因结构和基因重复、转录调控及高通量转录组分析等方面，也取得了一些最新研究成果。但由于植物花器官具有的多样性外形和丰富的变异类型，现有的花器官发育模型还无法概括所有被子植物花器官发育过程。我国对植物花器官变异的研究近年来也逐渐增多，如洋葱（*Allium cepa*）、百合（*Lilium*）、核桃（*Juglans regia*）、韭莲（*Zephyranthes carinata*）、稻（*Oryza sativa*）等（孙旺等，2019）。但关于秦岭石蝴蝶的花器变异研究还未见报道。

据《中国植物志》记载，秦岭石蝴蝶通常具花序 2~6 条；花序梗中部之上有 2 苞片，顶端生 1 花；花萼 5 裂达基部；上唇 2 深裂近基部，下唇与上唇近等长，

3 深裂。雄蕊无毛，花丝着生于近花冠基部处，花药呈梯形；退化雄蕊 3，狭线形，无毛；花期 8～9 月。邱志敬和刘正宇（2015）在《中国石蝴蝶属植物》中做了部分修正和补充描述，可育雄蕊 2，退化雄蕊 3，果期 9～10 月。在对秦岭石蝴蝶进行人工繁育保护的同时，研究人员经过大量的观察，有幸发现人工种群的秦岭石蝴蝶花器官存在丰富的变异类型。但关于秦岭石蝴蝶花器官变异的研究还未见报道。因此，为研究秦岭石蝴蝶的花器官变异规律和成因及野生种群是否也存在类似的变异现象，本研究拟对人工种群秦岭石蝴蝶花器官形态和数目进行统计学分析，并在花期对野生秦岭石蝴蝶进行野外调查。

第一节　秦岭石蝴蝶花器变异类型分析

一、花冠数目变异

通过对人工繁殖的秦岭石蝴蝶连续两次盛花期的 2583 朵花进行观察和统计，共发现 24 种花冠类型的花朵，其中包括 1 种《中国植物志》中描述的上唇 2 裂、下唇 3 裂，以及另外 23 种变异类型花冠（图 6.1）。为方便区分，将花冠类型以上下唇裂片数目命名。将《中国植物志》中记载的正常花冠类型命名为 2-3 型，简称 2-3，其余变异类型分别为 1-3、1-4、1-5、2-2、2-4、2-5、2-6、3-2、3-3、3-4、3-5、4-1、4-2、4-3、4U（U 表示所有唇瓣均与上唇相似）、5U、6U、7U、4L（L 表示所有唇瓣均与下唇相似）、5L、6L、7L 及 8L。在统计结果中，正常花冠类型占 65.969%，变异类型占 34.031%。其中 2-4 型变异，即上唇 2 裂下唇 4 裂变异最多，变异率为 25.436%（表 6.1）。总体来看，花冠的变异类型中上下唇瓣数各有增减，但大致向着下唇数目和总唇瓣数目增加的方向变异。

正常秦岭石蝴蝶花冠二唇形，两侧对称（zygomorphy），但在变异类型中出现了一类呈辐射对称（actinomorphy）的花，这种变异类型被称为“反常整齐花”（peloria）。本研究中共发现了 9 种这样的变异花（图 6.1P～X），若按花瓣片数目仅可被分为 4、5、6、7 和 8，共 5 种；但从花瓣片的形态来看，又可被分为 2 类：一类花瓣稍宽而短，边缘平滑（图 6.1P～S），该类型与正常花冠的上唇相似；另一类花瓣稍窄而较长，边缘呈波浪状起伏（图 6.1T～X），该类型与正常花冠的下唇相似。

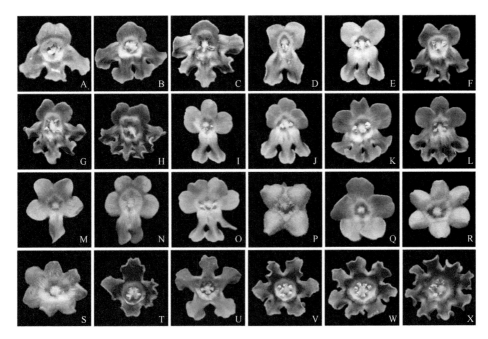

图 6.1　人工种群秦岭石蝴蝶花冠数目变异

A. 1-3 型花冠（上唇 1 裂，下唇 3 裂，下同）；B. 1-4 型花冠；C. 1-5 型花冠；D. 2-2 型花冠；E. 2-3 型花冠（正常花冠）；F. 2-4 型花冠；G. 2-5 型花冠；H. 2-6 型花冠；I. 3-2 型花冠；J. 3-3 型花冠；K. 3-4 型花冠；L. 3-5 型花冠；M. 4-1 型花冠；N. 4-2 型花冠；O. 4-3 型花冠；P. 4U 型花冠（反常整齐花，U 表示所有唇瓣均与上唇相似，下同）；Q. 5U 型花冠；R. 6U 型花冠；S. 7U 型花冠；T. 4L 型花冠（反常整齐花，L 表示所有唇瓣均与下唇相似，下同）；U. 5L 型花冠；V. 6L 型花冠；W. 7L 型花冠；X. 8L 型花冠

表 6.1　人工栽培秦岭石蝴蝶花冠数目变异类型及比例

	在图 6.1 中的编号	描述	花冠类型	数目	比例/%	总变异率/%
正常花冠	E	上唇 2 裂，下唇 3 裂	2-3	1 704	65.969	0
变异花冠	A	上唇不裂，下唇 3 裂	1-3	13	0.503	
	B	上唇不裂，下唇 4 裂	1-4	29	1.123	
	C	上唇不裂，下唇 5 裂	1-5	15	0.581	
	D	上唇 2 裂，下唇 2 裂	2-2	2	0.077	
	F	上唇 2 裂，下唇 4 裂	2-4	657	25.436	34.031
	G	上唇 2 裂，下唇 5 裂	2-5	43	1.665	
	H	上唇 2 裂，下唇 6 裂	2-6	3	0.116	
	I	上唇 3 裂，下唇 2 裂	3-2	7	0.271	

	在图6.1中的编号	描述	花冠类型	数目	比例/%	总变异率/%
	J	上唇3裂，下唇3裂	3-3	37	1.432	
	K	上唇3裂，下唇4裂	3-4	6	0.232	
	L	上唇3裂，下唇5裂	3-5	4	0.155	
	M	上唇4裂，下唇不裂	4-1	1	0.039	
	N	上唇4裂，下唇2裂	4-2	2	0.077	
	O	上唇4裂，下唇3裂	4-3	8	0.310	
	P	反常整齐花（U），4裂	4U	1	0.039	
变异花冠	Q	反常整齐花（U），5裂	5U	1	0.039	34.031
	R	反常整齐花（U），6裂	6U	6	0.232	
	S	反常整齐花（U），7裂	7U	1	0.039	
	T	反常整齐花（L），4裂	4L	2	0.077	
	U	反常整齐花（L），5裂	5L	29	1.123	
	V	反常整齐花（L），6裂	6L	8	0.310	
	W	反常整齐花（L），7裂	7L	3	0.116	
	X	反常整齐花（L），8裂	8L	1	0.039	

二、花萼数目变异

本研究通过对花萼数目的观察和统计，发现人工种群秦岭石蝴蝶花萼数目存在明显变异。在观察的2583朵花中共出现了6种花萼数目类型，花萼数目从4~9连续分布（图6.2），其中花萼数目5片为正常花萼，占统计花朵总数的61.517%，花萼数目总变异率为38.483%。在变异类型中，花萼为6的所占比例最高，占总花朵数目的30.391%，其次为7裂，占7.240%（表6.2）。从整体来看，花萼向着数目增加的趋势变异，但随着花萼数目的增加，所统计到的花朵数目也在减少，其中花萼数目为9的花朵在统计的2583朵花中只出现了2朵。

三、雄蕊数目变异

正常秦岭石蝴蝶花朵可育雄蕊数目为2，退化雄蕊数目为3，本研究通过对所

图 6.2　人工种群秦岭石蝴蝶花萼数目变异

A~F. 花萼数目分别为 4~9

表 6.2　人工栽培秦岭石蝴蝶花萼数目变异类型及比例

花萼类型	花萼数目	统计小花数	比例/%
正常花萼	5	1589	61.517
变异花萼	4	8	0.310
	6	785	30.391
	7	187	7.240
	8	12	0.465
	9	2	0.077

有花朵可育雄蕊数目的统计,发现秦岭石蝴蝶可育雄蕊数目也产生了丰富的变异,
可育雄蕊数目从 0~7,共 8 种类型(图 6.3)。在所有统计的花朵中雄蕊数目正常
的花朵占 67.712%,变异率为 32.288%,雄蕊数目变异的类型中具 3 个可育雄蕊
的变异花朵数目最多,占统计花朵总数的 26.481%,其次为具 4 个可育雄蕊的变

异类型，占统计总数的 2.749%（表 6.3）。与唇瓣数目和花萼数目的变异规律一致，可育雄蕊数目也大致向着增加的方向变异。

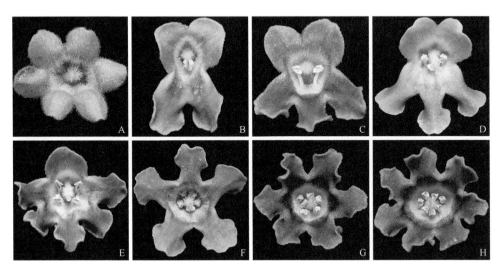

图 6.3　人工栽培秦岭石蝴蝶花的雄蕊数目变异

A. 无可育雄蕊；B~H. 分别为具 1~7 可育雄蕊

表 6.3　人工栽培秦岭石蝴蝶花的雄蕊数目变异及比例

雄蕊类型	可育雄蕊数目	统计小花数	比例/%
正常雄蕊	2	1749	67.712
变异雄蕊	0	9	0.348
	1	6	0.232
	3	684	26.481
	4	71	2.749
	5	53	2.052
	6	8	0.310
	7	3	0.116

四、花梗分枝及苞片数目变异

以往的研究认为秦岭石蝴蝶花梗无分枝，顶生一花。但通过大量观察发现，秦岭石蝴蝶花梗也可分枝,且分枝产生于花梗苞片处,数目从1~3(图6.4A~D),花序类型为聚伞花序。在统计到的2489条花梗中,花梗不分枝占比达97.750%,有1枝花梗的比例为1.246%,花梗分2枝和花梗分3枝分别占0.562%和0.442%(表6.4)。值得注意的是,在人工种群环境条件一致的情况下,这种花梗分枝现象却往往集中发生在个别植株中,并非随机出现在不同花梗上,这表明花梗分枝这一现象可能与秦岭石蝴蝶植株间的个体差异有关。苞片为生于花序下或花序每一分枝下或花梗基部下的叶状或鳞片状器官。秦岭石蝴蝶花梗也具苞片,在前人的描述中,秦岭石蝴蝶花梗中部之上有2苞片。但通过大量观察发现,秦岭石蝴蝶花梗苞片数目应为2或3(图6.4E、F),其中以苞片数目为2的居多,占统计总数的70.751%,苞片数目为3则占29.249%(表6.4)。

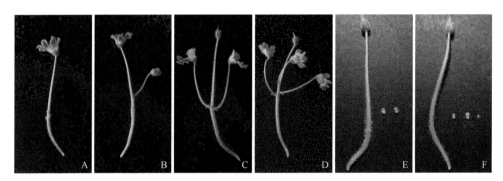

图6.4　人工栽培秦岭石蝴蝶的花梗分枝和苞片数目变异

A. 花梗不分枝;B. 花梗1分枝;C. 花梗2分枝;D. 花梗3分枝;E. 花梗2苞片;F. 花梗3苞片

表6.4　人工栽培秦岭石蝴蝶的花梗分枝和苞片数目变异及比例

类型	数量	花梗数/花梗总数	比例/%
花梗分枝数	0	2433/2489	97.750
	1	31/2489	1.246
	2	14/2489	0.562
	3	11/2489	0.442
花梗苞片数	2	1761/2489	70.751
	3	728/2489	29.249

五、原因探讨

花是被子植物重要的繁殖器官，不同物种的花颜色、大小、形状及结构组成等特征不同。通常每一种植物，花的各部分形态是比较固定的，而花的形态变化往往与植物的演化有关，因此被子植物的分类依据，很大一部分是由花的形态来决定的。花冠作为一朵花重要的组成部分，通常具有引诱昆虫授粉的作用。正常秦岭石蝴蝶花冠为二唇形，两侧对称，上唇 2 裂、下唇 3 裂，而在统计的所有秦岭石蝴蝶花中，除正常花冠类型外，共发现 23 种变异类型花冠，变异率高达 34.031%。总体来看，花冠在向着花瓣总数目和下唇花瓣数目增加的趋势变异。孙明伟等（2018）在研究东方百合花器官数量变异时发现，东方百合品种 'Siberia' 花被片 7 枚和 8 枚的总频次达 41.1%，比正常花被片数目 6 枚出现的频次多 16.9%，表明在该百合变异中，以正常花被片数量增加为主，这与本研究结果相类似。而孙明伟等（2018）在其另一项关于盆栽亚洲百合的花器变异研究中，却发现花被片比例最高的是 6 枚，达 41.0%，其次是花被片减少类型比例，合计为 41.1%，增加的 7 枚、8 枚出现的频率之和则最少，为 18%，说明百合完整花被片数目以不变或减少为主，对于这两个相反的结果，可能与百合的品种不同有关。而通常认为花瓣数目的增加对于引导昆虫授粉是有利的，因此秦岭石蝴蝶丰富的花冠变异类型可能有利于其引诱昆虫传粉，从而提高其自然结实率。与花冠唇瓣数目的变化趋势一致，花萼与可育雄蕊也大致向着数目增加的趋势变异。

花的对称性作为被子植物花部结构的重要特征，一直是植物发育、进化及分子生物学研究的重点之一（李交昆和唐璐璐，2012）。根据花被片的大小、形状和对称面的多少，被子植物的花型可被分为辐射对称、两侧对称和不对称，辐射对称的花一般会形成两个或者两个以上的对称面，两侧对称则是指通过花中心轴只有一个对称面能将其分成对等的两半。秦岭石蝴蝶为典型的两侧对称花，但在变异类型中出现了一类呈辐射对称的花，这种变异的花冠类型被称为"反常整齐花"（Coen and Meyerowitz, 1991）。本研究共发现了 9 种这样的变异花冠。在秦岭石蝴蝶所属的苦苣苔科中，含有大量的次生辐射对称花，是唇形目中含有辐射对称花最多属的类群。Zhou 等（2008）对五数苣苔（*Bournea leiophylla*）的研究表明，自然次生辐射对称花的产生不是由 *CYC2* 类基因完全失去功能引起的，而是由花的背特性和腹特性基因表达模式在进化中被修饰而引起。这些结果似乎都表明两侧对称花向辐射对称的转变并非是由于特定基因的改变，而与基因的表达调控有关。秦岭石蝴蝶花辐射对称的原因是否也是如此，还有待进一步研究。正常秦岭石蝴蝶花朵可育雄蕊数目为 2，退化雄蕊数目为 3，这说明在秦岭石蝴蝶原始祖先中可育雄蕊数目极有可能为 5。大量化石研究显示，被子植物初始起源的花为辐射对称，而两侧对称的花则是由辐射对称的花演变而来的，结合这两点，可以推测秦岭石蝴蝶的原始祖先应为花冠辐射对称具 5 可育雄蕊的花朵，这与本研究中的 5L 型花朵相一致（图 6.1U）。Yang 等（2015）将光喉石蝴蝶（*Petrocosmea glabristoma*）和中华石蝴蝶（*Petrocosmea sinensis*）进行杂交的 F₁ 代也出现了类似的反常整齐花，经分析造成这种变化的原因与 *CYC1C* 和 *CYC1D* 基因的过表达有关。在该研究中，杂交后代中出现的反常整齐花与本研究观察到的 5U 型较为相似，均为雄蕊全部退化。

第二节　花器官数量变异相关性及影响因素分析

一、花器官变异相关性分析及模型构建

一朵完整的花，通常由花柄、花托、花被、雄蕊群和雌蕊群所组成，且花的各部分形态都是比较固定的，具有一定的规律。为了探究人工种群秦岭石蝴蝶花器官各部位之间的关系，用 Excel 2010 对原始统计数据进行整理，使用 SPSS 22 对唇瓣总数、上唇数目、下唇数目、花萼数目及可育雄蕊数目变异发生比例进行 Pearson 相关性分析。结果显示，下唇数目与可育雄蕊数目、唇瓣总数与下唇数目呈正相关，Pearson 相关系数分别为 0.9274 和 0.7756，而上唇数目与可育雄蕊数目、上唇数目与下唇数目呈负相关，相关系数分别为−0.4811 和−0.4697（表 6.5）。选择比例大于 1% 的花冠类型，分别统计这些花冠类型中所占比例最大的花朵类型（两朵花花冠类型、花萼数目及可育雄蕊数目都相同时认为是同一类型花朵）。结果显示，包括正常秦岭石蝴蝶花冠类型在内，共 6 种花冠类型占总花朵数的比例大于 1%。在这 6 种花冠类型中又有各自比例最高的花朵类型，其中 3-3 型花冠中的比例最高，但却低于 50%，仅为 32.432%，其余 5 种花朵类型在各自所属的花冠类型中的比例最高且均大于 50%（表 6.6）。参考 Yang 等（2015）的模型，对这 6 种花朵类型进行图示（图 6.5），可以看出各花器官数目变异之间存在明显规律。

表 6.5　秦岭石蝴蝶花器各部位变异相关性分析（孙旺等，2019）

	唇瓣总数	上唇数目	下唇数目	花萼数目	可育雄蕊数目
唇瓣总数	1				
上唇数目	0.1929**	1			
下唇数目	0.7756**	−0.4697**	1		
花萼数目	0.7170**	0.1349**	0.5583**	1	
可育雄蕊数目	0.6868**	−0.4811**	0.9274**	0.5341**	1

注：**表示在 $P<0.01$ 水平上显著相关

表 6.6　比例大于 1% 的 6 种花冠类型中各自比例最高的花朵类型

花冠类型	总数	花朵类型（花冠、花萼、可育雄蕊）	数目/总数	比例/%
2-3	1704	2-3、5、2	1481/1704	86.913
1-4	29	1-4、5、3	17/29	58.621
2-4	657	2-4、6、3	509/657	77.473
2-5	43	2-5、7、4	38/43	88.372
3-3	37	3-3、6、2	12/37	32.432
5L	29	5L、5、5	20/29	68.966

相关性分析结果显示，下唇数目与可育雄蕊数目、唇瓣总数与下唇数目呈正相关，而上唇数目与可育雄蕊数目、上唇数目与下唇数目呈负相关。这说明下唇数目与可育雄蕊数目、唇瓣总数与下唇数目有明显的一致变化趋势，而上唇数目与可育雄蕊数目、下唇数目与上唇数目则通常有相反的变化趋势。可育雄蕊与上下唇瓣之间截然不同的相关性，很有可能与可育雄蕊的着生部位有关，结合图示结果可以看出，秦岭石蝴蝶可育雄蕊着生于下唇花筒内侧近基部，当下唇数目增加或减少时，可育雄蕊通常也会发生相同的变化趋势。在邱志敬和刘正宇（2015）编写的《中国石蝴蝶属植物》一书中，也出现了多处石蝴蝶属其他植物与本研究类似的变异现象，这说明石蝴蝶属植物的花器官变异现象较为普遍。王祖秀等（2007）研究发现韭莲的花部形态数量变异也无法用这几种模型解释，认为变异原因既与花器官亚区形成的早期调节有关，也与细胞分裂速度改变有关，其花形变异是相关基因受到体内某种因素的影响所致，不同花形变异间频率的差异可能与基因的表达受环境影响的程度有关。

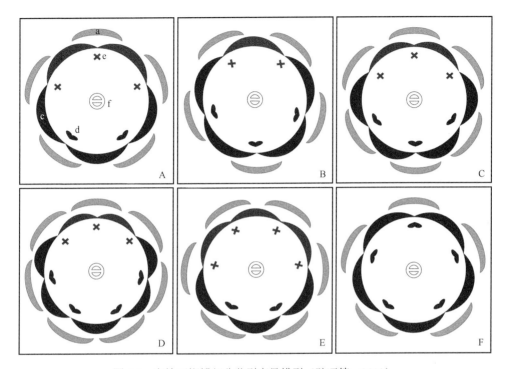

图 6.5 秦岭石蝴蝶部分花型变异模型（孙旺等，2019）

A. 正常秦岭石蝴蝶花型，2 上唇、3 下唇、5 花萼、2 可育雄蕊、3 退化雄蕊；B. 变异花型，1 上唇、4 下唇、5
花萼、3 可育雄蕊、2 退化雄蕊；C. 变异花型，2 上唇、4 下唇、6 花萼、3 可育雄蕊、3 退化雄蕊；D. 变异花型，
2 上唇、5 下唇、7 花萼、4 可育雄蕊、3 退化雄蕊；E. 变异花型，3 上唇、3 下唇、6 花萼、2 可育雄蕊、4 退化
雄蕊；F. 变异花型，反常整齐花，5 唇瓣均与下唇类似、5 花萼、5 可育雄蕊。a. 花萼；b. 上唇；c. 下唇；d. 可
育雄蕊；e. 退化雄蕊；f. 雌蕊

二、环境因素影响花器变异与验证

在获得许可的情况下，本研究于 2019 年 8 月对略阳县境内的野生秦岭石蝴蝶
进行了野外观察和记录。但在所有观察到的花朵中均未发现变异现象，所有花朵
与《中国植物志》中的记录一致（图 6.6A）。将采集到的花器未变异野生植株进
行长时间的栽培观察后发现，部分植株在移栽至人工培养条件下的第二次花期即
出现个别花朵的变异现象（图 6.6B）。目前对于这一类变异现象还没有明确的机
制可以解释，但就秦岭石蝴蝶而言，一方面，这种花器官变异现象在人工种群中
较为普遍，变异率较高，但在野生种群中却并未发现，且将野生未变异植株进行
人工栽培后个别植株中也出现了变异花朵，因此很有可能与人工培养下营养旺盛、

环境因素等外因有关；另一方面，虽然未发现整株完全变异的变异植株，但在变异性状中无论是花冠类型、苞片数目、雄蕊数目或是花梗分枝现象，变异往往在同一植株中以某种变异类型为主，这也许与秦岭石蝴蝶植株间个体差异的内因有关，如遗传变异等。

图 6.6　开花的野生秦岭石蝴蝶（A）和人工栽培下的野生植株（B）

第三节　基于转录组分析花瓣数目变异机制

花器官数目的变化可通过原基分裂、原基融合或次生原基的形成而产生，花原基细胞数目的增减可能导致花器官数目增减，而引起花器官变异却是基因和环境条件共同作用的结果。在获得许可的情况下，本研究于 2019 年 8 月中旬对略阳县境内的野生秦岭石蝴蝶进行了野外观察和记录。遗憾的是，在所有观察到的花朵中未发现变异现象，所有花朵与《中国植物志》中的记录一致，而将采集到的野生秦岭石蝴蝶植株带回人工控制的环境和营养土进行栽培，发现部分植株在移栽后开花时开始表现出花瓣数量增多的现象。这表明，丰富的营养物质可能是导致秦岭石蝴蝶花器变异的主要原因。那么，环境因子的改变会导致哪些基因在表达上发生变化呢？为了探明秦岭石蝴蝶花瓣数量变异的原因，本研究采用 RNA 测序（RNA-seq）高通量测序技术对秦岭石蝴蝶正常花朵 2-3 型（上唇 2 裂、下唇 3 裂，占 65.969%）和在所有的变异类型中比例最多的变异类型 2-4 型（上唇 2 裂、下唇 4 裂，占 25.436%）的开花早期和晚期进行了转录组测序，挖掘与其花发育相关的差异基因，并探讨花器官数目变异的可能机制。

一、花苞变异形态与测序分析

在解剖秦岭石蝴蝶正常的小花时发现，花器官形成的早期上唇和下唇出现明显的深裂，形成了早期的上唇 2 裂、下唇 3 裂，成熟花朵花冠二唇形，上唇 2 裂，下唇 3 裂，被命名为 2-3 型；变异的小花早期出现了上唇 2 裂，下唇 4 裂的深裂，最终形成了变异类型中的上唇 2 裂，下唇 4 裂，简称 2-4 型。选取处于发育阶段正常花朵类型（2-3 型，N）和典型变异花朵类型（2-4 型，V）的花苞（A）和成熟开放的花朵（B）为实验材料。实验材料被分为 4 组：正常花苞（NA）、变异花苞（VA）、正常花朵（NB）和变异花朵（VB），每组 3 个重复并分别编号。将获得的测序数据通过与非冗余蛋白序列数据库（NR）同源序列进行对比，E 值较低（$1 \times 10^{-30} \leqslant E < 1 \times 10^{-5}$）的通用基因数据库（Universal Gene，UniGene）占 UniGene 总数的 42.81%，表明注释的 UniGene 序列与 NR 数据库的同源序列具有高度相似性。与 NR 数据库进行比对注释，可以获取本物种基因序列与近缘物种基因序列的相似性信息。在 NR 数据库中，秦岭石蝴蝶与旋蒴苣苔（*Dorcoceras hygrometricum*）UniGene 序列匹配度最高，占注释 UniGene 总数的 54.29%，其次是芝麻（*Sesamum indicum*），占 10.38%，最低的是甜橙（*Citrus sinensis*），占 0.89%，还有 22.21% 与其他物种序列无匹配（蒋景龙等，2021）。秦岭石蝴蝶属于石蝴蝶属植物，旋蒴苣苔属于旋蒴苣苔属植物，二者同属于苦苣苔科，表明秦岭石蝴蝶的大部分基因测序结果可靠，可以用于后续基因功能分析。

二、差异基因与代谢通路分析

差异表达基因分析结果显示，秦岭石蝴蝶花器官发育早期和晚期的差异表达基因数量远远高于同一时期的正常花器官和变异花器官的差异表达基因数量。这表明，相对于整个花器官发育的过程中差异表达的基因，影响花器官向着某一方向变异的基因数目并不是很大（蒋景龙等，2021）。基因本体（GO）富集分析结果显示，早期的花器官变异可能与蛋白质的跨膜转运、定位和细胞分裂素的合成等生物过程有关，如转运蛋白、半乳糖转移酶、Rho 鸟嘌呤核苷酸交换因子等具有很高的活性，而后期花器官的变异可能与内肽酶、肽酶、核苷酸酶等水解果胶、糖类、蛋白质的活性有关，此外，在这一过程中水杨酸的调控也起到了重要作用。无论是正常还是变异的花器官，它们在不同的发育时期都与细胞壁的形成和组装、糖代谢及氧化还原生物过程有关。而京都基因和基因组数据库（KEGG）富集分析也进一步证实了这些结果。在花器官发育的早期变异过程中，植物激素信号相关的基因差异表达非常显著，而在后期的花器官变异过程中则表现出戊糖和葡萄糖类及苯丙烷类的代谢调节相关基因发生了差异表达。值得关注的是，植物激素信号转导通路差异基因富集最显著，推测这些差异基因可能参与多种激素代谢调控的植物器官发育（蒋景龙等，2021）。深入研究关键基因所参与的这些代谢反应，对揭示秦岭石蝴蝶花器官变异的分子机制具有重要意义。

三、几个关键基因的表达情况分析

秦岭石蝴蝶目前无参考基因组，因此注释得到的许多基因功能还未知或未预测，明确功能的基因很少。本研究根据测序结果，选取了 6 个可能与秦岭石蝴蝶花器官发育相关且功能已知的基因 *PqMIF2*、*PqMYB340*、*PqMYB305*、*PqGATA12*、*PqCCD4* 和 *PqZBED*。结果显示，6 个基因实时定量反转录聚合酶链反应（qRT-PCR）分析得到的相对表达量中，*PqMIF2*、*PqMYB340*、*PqMYB305* 与 *PqCCD4* 在开放的花朵中表达量极为丰富，但在花苞组织中表达量极低；而 *PqGATA12* 则明显在花苞中表达量高于开放花朵中，*PqZBED* 在正常花器官材料中的表达量高于变异花器官（蒋景龙等，2021）。在秦岭石蝴蝶转录组分析结果中，*PqCCD4* 在开放后的花朵中过量表达，而在花苞中表达量较低，这与两者的颜色差异相一致（蒋景龙等，2021）。

对于秦岭石蝴蝶而言，这种人工条件下的花器官变异是有利的，增加的花器官数目可以增加其观赏性，在今后观赏价值的开发方面具有积极意义。本研究结果表明，环境改变可能在花器官发育的早期引起了某些花器官发育调控基因的改变，从而导致花器官发育和表达调控异常，但其分子机制仍需进一步研究、分析和验证。

参 考 文 献

蒋景龙, 孙旺, 李丽, 等. 2021. 濒危植物秦岭石蝴蝶花瓣数量变异机理研究. 西北植物学报,

41(10): 1652-1661.

李交昆, 唐璐璐. 2012. 花对称性的研究进展. 生物多样性, 20(3): 280-285.

邱志敬, 刘正宇. 2015. 中国石蝴蝶属植物. 北京: 科学出版社.

戎利勤, 李晓冬, 刘虎岐. 2018. 小花草玉梅高通量转录组测序与花发育基因的挖掘. 西北植物学报, 38(8): 1437-1442.

苏金源, 燕语, 李冲, 等. 2020. 通过遗传多样性探讨极小种群野生植物的致濒机理及保护策略: 以裸子植物为例. 生物多样性, 28(3): 376-384.

孙明伟, 赵统利, 邵小斌, 等. 2018. 盆栽亚洲百合花器官数量变异研究. 江西农业学报, 30(3): 54-58. .

孙旺, 蒋景龙, 陶小斌, 等. 2019. 秦岭石蝴蝶人工种群花器变异现象研究. 西北植物学报, 39(2): 349-358.

唐璐璐, 宋云澎, 李交昆. 2013. 花器官发育的分子机制研究进展. 西北植物学报, 33(5): 1063-1070.

王文采. 1981. 中国苦苣苔科的研究(二). 植物研究, 1(4): 35-75.

王雪, 田京京, 李爽, 等. 2020. AGAMOUS 在花发育中的核心功能研究进展. 分子植物育种, 18(9): 2878-2885.

王祖秀, 杨军, 王枭盟. 2007. 韭兰的几种花形变异及初步分析. 广西植物, 27(5): 692-696.

于明明, 李兴国, 张宪省. 2009. APETALA1 启动子驱动 AtIPT4 在转基因拟南芥中表达导致花和花器官发育异常. 植物学报, 44(1): 59-68.

Coen E S, Meyerowitz E M. 1991. The war of the whorls: Genetic interactions controlling flower development. Nature, 353(6339): 31-37.

Sawada Y, Sato M, Okamoto M, et al. 2019. Metabolome-based discrimination of chrysanthemum cultivars for the efficient generation of flower color variations in mutation breeding. Metabolomics, 15(9): 1-9.

Yang X, Zhao X G, Li C Q, et al. 2015. Distinct regulatory changes underlying differential expression of teosinte branched1-cycloidea-proliferating cell factor genes associated with petal variations in zygomorphic flowers of *Petrocosmea* spp. of the family Gesneriaceae. Plant Physiol, 169(3): 2138-2151.

Zhang B, Liu C, Wang Y Q, et al. 2015. Disruption of a carotenoid cleavage dioxygenase 4 gene converts flower colour from white to yellow in *Brassica* species. New Phytologist, 206(4): 1513-1526.

Zhou X R, Wang Y Z, Smith J F, et al. 2008. Altered expression patterns of *TCP* and *MYB* genes relating to the floral developmental transition from initial zygomorphy to actinomorphy in *Bournea* (Gesneriaceae). New Phytologist, 178(3): 532-543.

第七章　秦岭石蝴蝶野外回归技术研究

极小种群野生植物保护的主要方式是就地保护、迁地保护和野外回归。因此，在加强就地保护的基础上，选择适宜的位点，开展行之有效的迁地保护对种群延续和物种保存至关重要。回归（reintroduction）指在迁地保护的基础上，通过人工繁殖把植物引种到原来分布的或其他自然或半自然的生境中，以期建立遗传资源丰富、适应进化、可自然维持和更新种群的一种生态学保护方法（任海等，2014）。回归又可分为增强回归（reinforcement reintroduction）、生态替代（ecological replacement）、帮助定植（assisted colonization）和群落构建（community construction）。其中回归与增强回归是在物种尺度，且在已知范围内进行的种群恢复，而生态替代、帮助定植和群落构建是在生态系统尺度，且在已知范围外进行的保护性引种。野外回归是扩大极小种群野生植物种群的有效途径，目前急需探索极小种群野生植物野外回归的基础理论和关键技术，以制定相应的保护对策。

近年来，云南省林业厅基于保护实践，提出了极小种群野生植物的"近地保护"（*near situ* conservation）新方法，即在物种现有分区（点）范围附近，选择与其相同气候和相似生境的区域建立人工保护点（孙卫邦和韩春艳，2015）。中国科学院西双版纳热带植物园对此方法进行了比较论证，认为它对稀有、濒危植物的保护，大大优于通常的迁地保护（*ex situ* conservation），是一种行之有效的新保护方法（许再富和郭辉军，2014）。近地保护主要是针对有限分布点的极小种群野生植物而提出的，其强调"人工管护"，具有保护、科研观察、科普展示的功能，是介于增强回归（reinforcement reintroduction）和迁地保护之间的一种特殊保护形式（许再富和郭辉军，2014）。

回归是迁地保护与就地保护的桥梁，也是迁地保护的最终归属（周艳等，2018）。在研究与实践的基础上，多个国家提出了回归程序或指南，其中包括植物回归的目标、如何选择回归植物物种、回归的生境要求、回归的植株要求、植物种群的调控、物种回归后的管理与监测、植物回归成功的标准等（臧润国等，2016）。作为物种保护及种群恢复的重要策略之一，回归在越来越多的珍稀濒危植物保护实践中得到了应用（王运华等，2018）。本章主要总结了极小种群野生植物秦岭石蝴蝶的野外回归地选择、野外回归实施技术规范、影响野外回归的主要因素等方面进行了探索。

第一节 秦岭石蝴蝶野外回归地选择

一、野外回归地选择依据

根据国家林业和草原局发布的《极小种群野生植物野外回归技术规范》（LY/T 3185—2020）（李俊清等，2020），野外回归前要对野外回归地开展地质水文条件、土壤类型、海拔、气候因子、坡向、坡位植被群落类型、相关及关键的动植物种类等勘查；同时也要考虑满足回归物种生存所必要的各项基本条件，包括气候、土壤、生态学、生物学等各方面；其中重点考虑原来有过回归对象的极小种群野生植物的地区，重点考虑可能与回归物种的传粉、种子散播、种子萌发及幼苗生长等相关的信息；排除导致回归物种濒危的主要因素，或其导致种群数量减小的主要因素可控。依据秦岭石蝴蝶野生居群分布地（勉县和略阳县）富含水源、空气湿度大、岩石上生长苔藓、岩面垂直或陡峭、林下弱光等地貌特征，以及秦岭石蝴蝶的生长特征，如根系不发达、吸水能力弱、不耐干旱、避免光线直射的特点，秦岭石蝴蝶研究与保护团队制定了秦岭石蝴蝶野外回归地的选择标准：

（1）尽量选取交通便利、有专人看护和管理的区域，如国家级或省级自然保护区；优先考虑秦岭石蝴蝶原生境地周边的类似生境，如将勉县和略阳县作为秦岭石蝴蝶的野外回归地。同时也可以在回归物种现有和历史分布区范围以外，新建一个可自我维持和更新，同时在回归地群落里具有一定生态功能的种群。

（2）地质水文条件应具备：选择海拔在 600～1100m 范围内，有狭长沟渠，常年流水，沟渠东西走向，坡面分南北阳面和阴面坡向，沟渠坡面斜度在 45°～70°，沟渠深度不低于 3m，冬季温度不低于 0℃。

（3）土质要求：最好为自然生长有丰富苔藓植物的石灰岩土壤，这种土壤能够满足秦岭石蝴蝶较浅的根系，同时这种土质也具有非常好的透气性，岩面坚硬，防止夏季暴雨冲刷，土壤富有少量腐殖质，满足秦岭石蝴蝶的营养需要。土壤 pH 最好为 6.5～7.0。

（4）地被植物应具备条件：区域有鹅耳枥、山核桃等高大乔木或灌木遮阴，避免阳光直射，满足秦岭石蝴蝶生长的阴湿环境，栽种区域应密布虎耳草、秋海棠、苔藓等植物。

（5）温度和湿度要求：秦岭石蝴蝶野外生长的最适宜温度为 25～28℃，最适湿度为 50%～70%。

二、野外回归地选择分析

依据以上标准，2019 年 5 月开始，经过对汉中地区广泛考察，秦岭石蝴蝶研究与保护团队分别在汉中市褒河林场、城固县双溪镇三流水、城固县国有小河林场兰家湾和陕西长青国家级自然保护区等地区选择了野外回归地（图 7.1）。适当的生境是异地回归必要的先决条件，因此野外回归地的选择和设置可能直接影响秦岭石蝴蝶野外回归的成败，同时也是检验秦岭石蝴蝶野外适应能力的重要因素。4 个野外回归点分别在海拔、平均湿度、光照强度、土质和地表植被上均存在明显的差异。例如，2 号点城固县双溪镇三流水海拔为 657～670m，最接近原野生分布区的海拔（670～700m），而 1 号点汉中市褒河林场的海拔接近 900m，3 号点城固县国有小河林场兰家湾海拔则突破了 1000m，而 4 号点陕西长青国家级自然保护区海拔为 950～1146m，随着海拔的升高，冬季最低温度也会降低。4 个野外回归地的 5～11 月平均湿度依次为 61.25%、70.5%、46.75% 和 63.85%（表 7.1）。此外，4 个野外回归地的土质情况差异较大，3 号点城固县国有小河林场兰家湾土质疏松，受到秋季暴雨的冲刷，损失比较大，其他 3 个点中 1 号点和 2 号点也受到了暴雨冲刷，但由于岩面坚硬，没法发生塌陷，所以损失较小。4 个野外回归点的 pH 差异不明显，范围为 6.8～7.2，均为碱性土壤。在 4 号野外回归点设置了 14 个小单元，对不同生态因子进行了比较，结果发现，光照强，没有高大乔木遮挡的地方，对秦岭石蝴蝶后期的存活率影响比较大。这也再次证明了秦岭石蝴蝶喜欢阴暗的环境，不适合在阳光直射的地方栽培。

图 7.1　秦岭石蝴蝶野外回归地调查

A. 汉中市褒河林场野外回归地；B. 城固县双溪镇三流水；C. 城固县国有小河林场兰家湾；D～E. 陕西长青国家级自然保护区

表 7.1　秦岭石蝴蝶野外回归地地貌特征分析

编号	回归地	位置	经纬度	海拔/m	土壤pH	年均温度/℃	空气湿度/%	地貌特征
1 号	褒河林场	汉台区	33.256°N，106.99°E	888～900	6.9	14.3	61.25	山体的小沟槽，有溪水，上部有小灌木的遮挡，土质疏松、植被丰富，坡向朝北、坡度62.4°，环境阴湿
2 号	三流水	城固县	33.382°N，107.19°E	657～670	7.1	18.7	70.5	附近有溪流，常年流水，植被丰富、土质岩化，坡向朝西、坡度72.1°，环境阴湿，上部有乔木的遮挡
3 号	兰家湾	城固县	33.34°N，107.10°E	1000～1123	6.8	13.5	46.75	溪水较小，上部有乔木的遮挡，土质疏松、植被丰富，坡向朝北、坡度44.8°，环境阴湿，弱光
4 号	长青保护区	洋县	33.07°N，107.05°E	950～1146	7.2	12.3	63.85	附近有溪流，常年流水，坡度68.3°～72.1°，环境阴湿，弱光，上部有乔木的遮挡，土质偏碱性，植被丰富

此外，这 4 个野外回归地的地表植被也存在明显区别（表 7.2）。秦岭石蝴蝶这 4 个野外回归地均存在伴有丰富的苔藓和虎耳草类植物的石灰岩土质，这种样地植被比较单一，但均靠近水源或由高大乔木遮挡。同时，4 个野外回归地也存在有机质丰富的疏松土质，这些土质的植被相对丰富，尤其是草本植物种类比较多。

表 7.2 野外回归地的几种典型植物群落

编号	乔木	灌木	草本
1 号	异叶榕（*Ficus heteromorpha*）	中华青荚叶（*Helwingia chinensis*）、紫萁（*Osmunda japonica*）	山麦冬（*Liriope spicata*）、马蹄香（*Saruma henryi*）、常春藤（*Hedera nepalensis* var. *sinensis*）、虎耳草（*Saxifraga stolonifera*）、冷水花（*Pilea notata*）、荚果蕨（*Matteuccia struthiopteris*）
2 号	山胡椒（*Lindera glauca*）、鹅耳枥（*Carpinus turczaninowii*）	九节龙（*Ardisia pusilla*）、南天竹（*Nandina domestica*）	伏地卷柏（*Selaginella nipponica*）、铁线蕨（*Adiantum capillus-veneris*）、淫羊藿（*Epimedium brevicornu*）、扁竹兰（*Iris confusa*）、山麦冬（*Liriope spicata*）、金盏苣苔（*Oreocharis farreri*）、鸭儿芹（*Cryptotaenia japonica*）
3 号	金竹（*Phyllostachys sulphurea*）、山核桃（*Carya cathayensis*）、棕榈（*Trachycarpus fortunei*）	女贞叶忍冬（*Lonicera ligustrina*）	燕麦草（*Arrhenatherum elatius*）、虎耳草（*Saxifraga stolonifera*）、刺齿贯众（*Cyrtomium caryotideum*）、对马耳蕨（*Polystichum tsus-simense*）、狭叶重楼（*Paris polyphylla*）、秋海棠（*Begonia grandis*）
4 号	山核桃（*Carya cathayensis*）、鹅耳枥（*Carpinus turczaninowii*）	鸡爪槭（*Acer palmatum*）、蜡莲绣球（*Hydrangea strigosa*）、藤山柳（*Clematoclethra scandens*）	山飘风（*Sedum majus*）、尿罐草（*Corydalis moupinensis*）、铁角蕨（*Asplenium trichomanes*）、虎耳草（*Saxifraga stolonifera*）、山冷水花（*Pilea japonica*）、楼梯草（*Elatostema involucratum*）、淫羊藿（*Epimedium brevicornu*）、大火草（*Anemone tomentosa*）

第二节 秦岭石蝴蝶野外回归实施

一、野外回归种苗来源

根据国家林业和草原局发布的《极小种群野生植物野外回归技术规范》（LY/T 3185—2020）（李俊清等，2020），极小种群野生植物的野外回归也有具体要求，如野外回归材料不能通过野外移植获得，野外回归材料遗传多样性尽可能包含该种的全部遗传信息。要求回归材料满足如下要求：①野外植株≥50 株：单株种子量大，以采种繁育实生苗为主；②野外植株≥50 株：种子量少，木本植物以扦插和嫁接为主；草本植物以嫁接和组织培养为主；③野外植株＜50 株：单株种子量大，以采种繁育实生苗为主；④野外植株＜50 株：单株种子量少，木本植物和草本植物均采用扦插、嫁接和组织培养等繁殖材料综合采集。秦岭石蝴蝶属于草本植物，野外株数 200 株，植物高度＜1m，单株种子量大，但萌发率极低。根据以上要求，野外回归的秦岭石蝴蝶种苗均来自略阳县林木种苗工作站（略阳县苗圃）"秦岭石蝴蝶人工繁育与驯化基地"。秦岭石蝴蝶的种苗栽培基质为珍珠岩和泥炭土（1∶1）混合基质。基地在每年 4 月下旬至 5 月上旬开始选取植株生长健壮、无病虫害、幼叶 3～4 片、成熟叶 8～10 片、未见花苞发育、经过越冬驯化的秦岭石蝴蝶成苗进行野外回归。在移栽前 5 天时，浇水 1 次，5 天后带土挖出，运输及野外回归时种苗根系要一直保持带有栽培基质。

二、野外回归时间点考虑

秦岭石蝴蝶野外回归时间点最好选择在每年的 5～6 月，此时气温回升，越冬驯化后的秦岭石蝴蝶开始萌发并快速生长，至 5 月已经成苗，此时移栽的秦岭石蝴蝶有更多的时间适应新的移栽环境。秦岭石蝴蝶野外回归经过多次比较，发现 5 月最好，成活率可以达到 90%，6 月次之，成活率可以达到 70% 以上，而 7 月以后移栽的秦岭石蝴蝶成活率较低，为 40%。7～8 月秦岭石蝴蝶开始开花，此时的秦岭石蝴蝶不宜移栽，开花后的秦岭石蝴蝶开始进入生长衰退期，不利于对新的移栽地的适应。

5～8 月是秦岭石蝴蝶的快速生长时期，但是叶片仍然比较柔软，叶柄较短，叶片表面有较多表皮毛。随着温度的逐渐降低（9～10 月），秦岭石蝴蝶长出花苞，大部分秦岭石蝴蝶已经开始开花，甚至有少数秦岭石蝴蝶植株提前开花。当气温继续降低，到 12 月至次年 2 月，大多数秦岭石蝴蝶地上部分生长开始进入衰退期，部分叶片开始发黄甚至枯萎凋落，留下地下部分的茎原基和生长点，在有落叶覆盖的地方，仍能看到秦岭石蝴蝶地上部分的嫩叶。次年 3～4 月，随着气温的逐渐回升，秦岭石蝴蝶从越冬状态开始转为萌发状态。次年 5～7 月，仍是秦岭石蝴蝶的快速生长时期，叶片比最初移栽时变得更加狭长，叶片数目减少，叶柄伸长，此时的秦岭石蝴蝶更加接近略阳和勉县秦岭石蝴蝶原分布地的生长状态。到次年的 8～10 月，秦岭石蝴蝶开始陆续开花。

三、野外回归幼苗采样、运输与移栽

选择苗圃中经过越冬驯化的秦岭石蝴蝶幼苗，即株高为 4～5cm、叶片为 1 毛硬币大小、长势旺盛、叶片无病虫侵害、根系较深、茎部有较多新芽的植株。采挖前 2 天，最好浇一次水，两天后早上 8:00～10:00 前进行采挖，用小铲将整株幼苗带土一起挖出，不要接触植株的叶片，以免造成损害。将挖出的带土秦岭石蝴蝶分别装入网格穴盘，在运输的过程中注意避免挤压，如果需要长途运输，运输过程中注意保持空气湿度，不要在阳光下暴晒，避免造成秦岭石蝴蝶的失水萎蔫（蒋景龙等，2023）。

首先对选择好的野外回归地进行面积和坡度测量，按照面积和地形将其分成不同的小区，并对小区的边界用生石灰进行标记，然后将穴盘中的秦岭石蝴蝶带少许土，进行移栽。移栽时注意将土压实避免雨水冲刷，行距和株距分别为 60cm 和 20cm，移栽后及时用喷壶进行喷洒浇透，并用标记牌对移栽的每株秦岭石蝴蝶苗进行标记，便于后期统计成活率和后代的繁殖情况。首次移栽完成后，对移栽的苗进行整体拍照记录。移栽过程中使用号码牌进行标记，不同颜色号码牌代表不同的区域。用 GPS 定位，根据实际定植情况绘制定植分布图，尽可能详细地标注其地形特点。

四、野外回归种群的监测

根据回归规模的大小来确定是以单株还是样地为单位进行监测。对每个监测单位应单独建立档案，并挂上独立的标识牌，以便长期监测。监测内容应包括：①胸（地）径、株高、个体发育指标等；②以单株或样地为单位记录其年生长情况，并观测记录物候变化、传粉者、种子散播者和土壤理化或生态学特性等指标；③填写野外回归后植物生长监测记录表和野外回归物种物候观测记录表。

根据秦岭石蝴蝶移栽后的生长规律，定期去野外回归点进行观察和统计，同时对秦岭石蝴蝶的生长情况进行拍照，做好详细记，并定期统计成活率。分别在移栽后 2 个月（当年 7～8 月）、4 个月（当年 9～10 月）、6 个月（当年 11～12 月）、12 个月（次年 5～6 月）调查成活率，每阶段调查 3 次。存活率（%）=（存活数÷回归时数目）×100%。每个野外回归的区域随机设置 3 个面积为 1m×1m 的样方，测定样方中野外回归秦岭石蝴蝶的成活率和生长势等指标。5～7 月为

秦岭石蝴蝶的生长旺盛期（图 7.2A）；8 月为秦岭石蝴蝶开花期（图 7.2B），此时期雨水较多，注意观察秦岭石蝴蝶被雨水冲刷的情况；9～10 月注意观察开花后的果荚发育情况（图 7.2C、D），并采集部分果实带回实验室，风干后在显微镜下观察种子形态，并进行种子萌发率测试。11 月至次年 2 月为越冬期和枯萎期（图 7.2E），注意记录秦岭石蝴蝶的冻害情况；次年 3～4 月野外回归的秦岭石蝴蝶重新开始萌发（图 7.2F、G），5～6 月秦岭石蝴蝶开始进入快速生长期（图 7.2H）。

图 7.2　秦岭石蝴蝶野外回归后不同生长状态

A. 野外回归 1 个月；B. 野外回归 2 个月；C. 野外回归 3～4 个月；D. 野外回归 5 个月；E. 野外回归 7 个月；F. 野外回归 9 个月；G. 野外回归 10 个月；H. 野外回归 12 个月

五、野外回归成效评估

2019 年 5 月开始，经过对汉中地区广泛踏查法，秦岭石蝴蝶研究与保护团队分别在汉台区褒河林场、城固县双溪镇三流水、城固县国有小河林场兰家湾和陕西长青国家级自然保护区等地区开展了秦岭石蝴蝶的野外回归试验，具体野外回归情况如表 7.3 所示。

表 7.3   秦岭石蝴蝶野外回归的实施情况汇总

编号	野外回归地	回归面积/m²	回归时间	回归时温度/℃	回归时湿度/%	回归株数/株	小区数目
1 号	褒河林场	150	2020 年 5 月	23~25	53~55	1000	4
2 号	三流水	280	2021 年 6 月	25~27	56~58	1000	4
3 号	兰家湾	220	2021 年 6 月	25~26	56~58	1000	3
4 号	长青保护区	2014	2023 年 6 月	26~29	66~72	6090	14

对秦岭石蝴蝶野外回归 12 个月后,统计的存活率数据显示 2 号野外回归地存活率最高,达到了 68.4%,1 号野外回归地次之,为 58.4%,然后为 4 号野外回归地,为 52.5%,3 号野外回归地最低,仅为 33.2%(表 7.4)。综合分析以上数据表明,2 号野外回归地最适宜秦岭石蝴蝶的生长,3 号野外回归地不适合作为秦岭石蝴蝶的野外回归地。

表 7.4   秦岭石蝴蝶野外回归成活率统计

编号	野外回归地	回归株数/株	存活率/%				
			回归 2 个月	回归 4 个月	回归 6 个月	回归 8 个月	回归 12 个月
1 号	汉中市褒河林场	1000	86.4	80.7	75.3	66.8	58.4
2 号	城固县双溪镇三流水	1000	95.4	86.2	80.6	76.5	68.4
3 号	城固县国有小河林场兰家湾	1000	84.5	63.4	51.2	47.6	33.2
4 号	陕西长青国家级自然保护区	6090	87.8	76.9	75.1	72.4	52.5

野外回归是一个长期的工程,从短期看,回归成功至少包括物种能在回归地点顺利完成生活史、繁衍后代并增加现有种群数量,种子产量和发育阶段分布类似于自然种群,种子能够借助本地媒介得到扩散,从而在回归地点之外建立新的种群(任海等,2014)。目前,秦岭石蝴蝶的野外回归,还仅仅停留在能够适应环境,并且能够有较大的存活率,而对于能否顺利完成生活史,并借助自然条件顺利繁衍后代而增加现有种群数目,还需要进一步深入研究。同时在花期利用红外相机或录像设备进行访花昆虫的抓拍和跟踪,最终实现回归种群融入生态系统,并在生态系统恢复和功能重建中扮演重要作用。

六、野外回归总结与展望

从 2019 年 5 月开始，经过 3 轮不同规模的秦岭石蝴蝶野外回归，虽然有部分样地经过 12 个月的监测，仍有 50% 以上的成活率，但是仍然有继续下降的风险。分析发现有以下几个原因：①在野外回归地的选择上，为了不对秦岭石蝴蝶两个野外居群的生长产生干扰，一直没有考虑在原生境地周边考虑野外回归。可能在其他县区选择的野外回归地和原野外居群分布点仍然有较大的环境差异，尤其在小气候方面。②秦岭石蝴蝶的人工繁育过程，可能导致遗传多样性降低，尤其是组织培养和扦插过程中造成的遗传多样性降低，而这会导致秦岭石蝴蝶野外回归后种群的适应能力下降。③自然灾害导致的野外回归损失率最大，如 1 号和 3 号野外回归地，均遭受了夏季暴雨的冲刷掩埋，而 2 号野外回归地，虽然有常年流水，但是遭遇了历史罕见的长达 56 天的干旱，造成了部分秦岭石蝴蝶的死亡；此外，有些地方也遭受了动物的破坏，如野猪的踩踏。

综上所述，在今后的秦岭石蝴蝶野外回归工作中，需重点考虑以下几点：①优先考虑在略阳和勉县秦岭石蝴蝶原野外分布地附件进行野外回归。②种子野外回归需具有携带方便、遗传多样性高、适应时间长等优点。因此，在后期的野外回归工作中优先考虑种子野外回归，经过几年的研究，目前已经掌握了秦岭石蝴蝶的果实和种子收集与保存、处理与户外播种、人工辅助授精等技术，这为后期的秦岭石蝴蝶种子野外回归奠定了基础。③合理控制野外回归的规模，每次野外回归数量最好在 600～800 株，这样便于后期的监测，同时在一个地方设置多个小区，每个小区考虑不同的环境因子变量。④积极推进，在原生境地实施种子繁殖的增强回归实验，同时考虑开展近地野外回归。

参 考 文 献

蒋景龙, 颜文博, 胡凤成, 等. 2023. 濒危植物秦岭石蝴蝶野外回归早期探索. 生物多样性, 31(3): 1-9.

李俊清, 刘艳红, 张宇阳, 等. 2020. 极小种群野生植物野外回归技术规范(LY/T 3185—2020). 北京: 中国标准出版社.

任海, 简曙光, 刘红晓, 等. 2014. 珍稀濒危植物的野外回归研究进展. 中国科学: 生命科学, 44(3): 230-237.

孙卫邦. 2013. 云南省极小种群野生植物保护实践与探索. 昆明: 云南科技出版社.

孙卫邦, 韩春艳. 2015. 论极小种群野生植物的研究及科学保护. 生物多样性, 23(3): 426-429.

王运华, 甘金佳, 陈庭, 等. 2018. 德保苏铁回归种群繁殖特征的初步研究. 亚热带植物科学, 47(2): 134-139.

许再富, 郭辉军. 2014. 极小种群野生植物的近地保护. 植物分类与资源学报, 36(4): 533-36.

杨平, 陆婷, 邱志敬, 等. 2016. 濒危植物秦岭石蝴蝶的生态学特性及濒危原因分析. 植物资源与环境学报, 25(3): 90-95.

杨文忠, 向振勇, 张珊珊, 等. 2015. 极小种群野生植物的概念及其对我国野生植物保护的影响. 生物多样性, 23(3): 419-425.

臧润国, 董鸣, 李俊清, 等. 2016. 典型极小种群野生植物保护与恢复技术研究. 生态学报, 36(22): 7130-7135.

周艳, 冯佑鸿, 李依蔓, 等. 2018. 濒危植物白花兜兰野外回归研究. 贵州科学, 36(5): 10-13.

第八章　秦岭石蝴蝶濒危机制探讨与保护策略

　　数十亿年前生命出现以来，自然演化造就了地球上绚烂多彩的生物多样性，奠定了人类赖以生存的物质基础。但是从第一次工业革命以来，由于急剧增长的人口和频繁的人类活动，地球生态环境剧烈变化，生物多样性受到了严重威胁，引起国际社会的普遍关注（彭少麟，2003）。由于自然资源过度开发（森林砍伐、过度放牧等）、气候变暖（高原冰川融化、等温线北移等）、人类活动（城市化建设侵占自然生境、工业污染等）及生物入侵等因素，中国已经成为生物多样性受威胁最严重的国家之一，许多珍稀濒危的特有被子植物亟待保护，这意味着我国急需优化提升生物多样性保护策略（任海等，2014）。

　　理解物种的濒危机制对生物多样性的科学保护至关重要，是保护生物学中重要的研究内容，物种濒危机制的分析研究也是当下的研究热点之一。濒危物种主要受威胁的因素包括环境变化、生物相互作用及自身遗传限制等方面（黄至欢，2020）。其中，植物本身的遗传力、生殖力、生活力、适应力等都会影响物种存活的能力，而这些要素也是导致物种成为濒危的主要原因，很多学者通过解析导致濒危的原因后，再针对性地开展保护工作，但是实际操作中有可能会出现研究结果滞后的情况。目前对秦岭石蝴蝶濒危的机制方面的研究仅限于形态描述、分类及资源价值等方面，对其生态生物学特性方面的研究尚未见报道，更缺乏对其濒危机制的研究（周丽华等，2006）。

　　基于秦岭石蝴蝶的生态保护和经济开发上的重要价值及其目前所处的濒危状态，我们很有必要对导致濒危的机制做深入研究，从该物种的生态学、遗传多样性、进化迁移历史、生殖生物学、分子系统地理学等方面做深入分析，揭示进化潜能，提出保护策略，有助于延缓其种群灭绝、维护生态平衡、保存资源、促进生态可持续发展，为这种珍稀濒危植物的保护提供理论支撑，同时对合理地开发利用秦岭石蝴蝶资源也具有重要意义。

第一节　秦岭石蝴蝶濒危机制探讨

对植物濒危机制的研究国内很多学者从生态学、群落生态学、遗传学、繁殖学等角度，重点分析濒危原因及濒危的过程，得出植物的濒危原因主要是外部因素和内部因素两方面。外部因素包括人为因素和自然因素。人为因素是对植物影响和破坏最大的，主要表现在对森林的过度砍伐使得很多植物失去了生存空间，以及环境污染和引入外来物种等。人为因素使得植物的生存环境呈现片段化，对植物的基因交流和扩散影响巨大，是造成植物濒危的重要原因。此外由人类活动而导致的土地沙漠化、水土流失、酸雨、温室效应等也加剧了植物的濒危，甚至灭绝。

一、外部因素的影响

由于地球的气候不断变化，许多植物都面临着灭绝的风险，一些植物虽然在气候的影响下得以存活，但是也由此变为稀有种类（马克平等，1995）。石蝴蝶属分布于西起印度阿萨姆邦、向东至湖北的西北部，北至秦岭南坡、向南达中南半岛的南部（邱志敬和刘正宇，2015）。大多数种分布于我国云南高原及其东、西、北毗邻地区，且多数种类的分布区域都很狭小，仅限于一两个山头或个别山沟（吴金山，1991）。石蝴蝶属的物种分化发生在喜马拉雅造山运动时期，地质变动使原本完整的分布区域遭到破坏，形成了间断分布的现象（王文采，1985）。陕西勉县处于温带向亚热带的过渡区域，这里的气候环境恰好适合秦岭石蝴蝶生长，这可能是秦岭石蝴蝶自然分布狭窄的原因之一（吴金山，1991）。据上述的石蝴蝶属分布区域式样，推测东南亚在某段时期发生地质运动，致使石蝴蝶属的完整分布区遭到破坏，形成间断现象。对濒危植物永瓣藤（*Monimopetalum chinense*）、长苞铁杉（*Nothotsuga longibracteata*）及长柄双花木（*Disanthus cercidifolius*）等种类的研究结果也表明，地理分布格局与地质运动有直接关系，同时也是致使植物走向濒危的重要原因之一，而历史气候变化也是造成物种灭绝或濒危的重要外部因素（丁剑敏等，2018）。

秦岭石蝴蝶在陕西勉县的主要分布地在秦岭南坡边缘，山势平缓，属北亚热带气候类型。年平气温 12.4℃，降水量 834mm，降雨集中在每年的 6~9 月，8 月最多，极端年最大雨量 1524mm（1981 年），极端年最少雨量 599mm（2006 年）（杨平等，2016）；有时在冬、春、初夏发生干旱，该地区每年 10 月至次年 4 月的干旱期明显限制了喜阴湿润条件的秦岭石蝴蝶种群的扩展。总之，夏季的高温干旱、秋季暴雨、冬季的低温冻害等，不仅会使种子向幼苗的转化率进一步降低，还易造成已经萌发出土的幼苗大量死亡（杨平等，2016）。自然条件下秦岭石蝴蝶植株纤细瘦弱，一年开花一次，花序从叶腋处长出，开花后结实率低，多数蒴果"有果无实"，且野外未发现实生苗（王勇等，2015）。造成种子不育的原因是本属植物为热带亚洲分布类型，秦岭南坡已是它分布的最北缘，其光照、气温和降水时机均不能满足正常生长发育的需要，8~10 月是秦岭石蝴蝶植株柱头授粉和子房发育的时期，而此时正值勉县的雨季，气温也不适发育。对秦岭石蝴蝶野外分布地的调查发现，秦岭石蝴蝶为喜阴植物，野生种群仅分布于海拔 650~1100m 的山沟杂木林区域，要求郁闭度较大，常生长于空气相对湿润、富含水源的山石崖壁之上，伴生植物常常以苔藓、半蒴苣苔（*Hemiboea subcapitata*）、中华秋海棠（*Begonia grandis* subsp. *sinensis*）、虎耳草（*Saxifraga stolonifera*）等根系较浅的植被为主，且野外分布呈区块化，往往成簇出现，分布较为集中，株型矮小，根系浅，一般着生于长有苔藓的岩石上，也有部分植株生长在完全裸露、土壤贫瘠的岩石上，贴生于垂直石面上或生于岩石缝隙中。这种地质特征，容易造成干旱过后暴雨引起的岩面大面积塌方，这也可能是秦岭石蝴蝶生境被破坏的原因之一（图 8.1）。汉中地区冬季和春季则较为干旱，而 6~10 月为雨季，这样的气候容易造成本来脆弱的秦岭石蝴蝶生境的破坏（图 8.1），这一点也在笔者多次秦岭石蝴蝶野外回归的实践中得到了证实（蒋景龙等，2023）。

人类对自然资源和环境的不合理开发及利用是生物多样性以空前水平丧失的最根本原因。由于很多物种原本分布广泛，更新能力也很强，但是人类对于自然环境的破坏，导致物种的栖息地环境发生了巨大变化，环境影响了其更新繁殖，从而使其进入发展脆弱阶段。有的山民知道某些濒危植物具有一定的药用价值，或者认为有观赏价值，而对其进行大量采挖，使其成为濒危物种。秦岭石蝴蝶分布于海拔 650m 的山地岩石上或山沟间，伴生在以草本植物为主的草丛中，当地农民偶尔在其生境内会有放牧、耕作行为，林间的野猪、山麻雀、啮齿动物等在取食的过程中，难免对在地被层中的秦岭石蝴蝶有践踏、误食等行为，给其种群

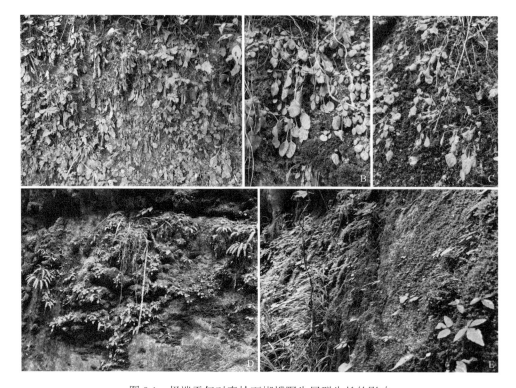

图 8.1　极端天气对秦岭石蝴蝶野生居群生长的影响

A. 严重干旱天气对勉县分布地秦岭石蝴蝶野生居群生长影响；B、C. 严重干旱天气对略阳县分布地秦岭石蝴蝶野生居群生长影响；D～E. 前期暴雨冲刷对略阳县分布地秦岭石蝴蝶野生居群生长影响；

的发展带来困难。调查发现，秦岭石蝴蝶喜散射光，不耐阳光直射，因此一般野外居群需要有高大乔木遮阴，然而人们早期对高大树木的砍伐，导致秦岭石蝴蝶的生境遭到破坏，从而导致秦岭石蝴蝶的野外居群出现了碎片化。此外，在调查过程中还发现，在毗邻秦岭石蝴蝶野外居群不远的地方，出现了开山修建公路和建碎石厂等活动，也造成了秦岭石蝴蝶生境的破坏。因修建公路，秦岭石蝴蝶的标本模式产地已消失，目前发现的居群面积较小且邻近村落，其生境易受到人为活动的干扰破坏，也有报道称，曾因修建公路致使圆果苣苔（*Gyrogyne subaequifolia*）在野外灭绝（杨平等，2016）。

　　此外，本研究在野外调查中也观察到某些昆虫的幼虫在取食秦岭石蝴蝶，以及一些受到严重虫害的秦岭石蝴蝶，据此分析，虫害也可能是造成秦岭石蝴蝶濒危的潜在因素之一（图 8.2）。动物取食野生植物的叶片、果实、种子等不仅影响植物的生长发育，也阻碍种群的更新。例如，鼠类在单性木兰种子散播初期至种子萌发期均有取食种子的现象，包括地表和土壤中的种子，导致单性木兰天然更新过程中由种子转化成幼苗时存在严重障碍。在略阳县的秦岭石蝴蝶人工繁育基地，发现有很多蜗牛啃食秦岭幼叶。

图 8.2 野外拍摄的秦岭石蝴蝶被虫取食

二、内部因素的影响

植物濒危的重要原因还包括内部因素，如植物的遗传能力减弱、繁殖能力减弱、对环境的适应能力差等。遗传能力减弱即环境的种种影响造成某种植物的基因受损或基因发生突变、基因频率的变化，最后导致不能受精的现象。繁殖能力减弱是指人类活动的影响使得植物的生存环境片段化，长期的基因交流困难，最终出现生殖隔离，进而导致植物种群数量减少。秦岭石蝴蝶自然生境下生长发育缓慢、繁殖力低，这使种群更新缓慢。在自然条件下，物种濒危的关键环节是种子向幼苗的转化过程，这个过程涉及果实成熟、种子萌发等，没有足够数量的幼苗，种群就难以更新。秦岭石蝴蝶 8 月中旬开花，花期 40 天，9 月中旬子房开始发育，10 月下旬地上部分枯萎，但果实尚未成熟，种子呈白色。自然状态下，种子不易成熟，未见到过实生苗，秦岭石蝴蝶自种子萌发到植株开花结实需经历 2～3 年及以上，生殖周期较长，这一现象使得秦岭石蝴蝶的自我更新能力较慢。另外，秦岭石蝴蝶植株根系不发达，其根系为须根系，根的数量较少，且较细，根入土深度浅，根的这一特性使其抗旱性较差，因而不宜生长在土壤或气候干旱的地区，这限制了其分布范围。

自然环境下秦岭石蝴蝶种间竞争能力差，物种在群落内的竞争能力差，获得资源就少，从而直接或间接地影响其生长发育。秦岭石蝴蝶主要与草本植物伴生在一起，主要伴生植物包含秋海棠（*Begonia grandis*）、裂叶荨麻（*Urtica lobatifolia*）、重齿当归（*Angelica biserrata*）、还亮草（*Delphinium anthriscifolium*）、金盏苣苔（*Oreocharis farreri*）和半蒴苣苔（*Hemiboea subcapitata*）等，虽然草本植物为其提供了一定的荫蔽条件，但其生长适应能力比禾本科植物低，随着伴生的草本植物大量增生繁殖，当它们进入成年期后，在群落竞争中则处于有利地位，势必造成对秦岭石蝴蝶植株的光、温、水及矿质营养的大量争夺（野外考察也发现，在秦岭石蝴蝶种群周围凡草本植物生长茂盛的地方，很少能发现秦岭石蝴蝶植株）（杨平等，2016）。此外，外来入侵植物还可能通过杂交-渐渗的遗传同化（genetic assimilation）过程和湮没效应（demographic swamping）影响秦岭石蝴蝶遗传完整性，导致其特有的基因型消失，从而带来生态风险。

野外分布的秦岭石蝴蝶居群常成簇生长，分布较为集中。自然条件下，秦岭石蝴蝶主要靠根状茎上的侧芽繁殖，一般每条根状茎可发育出2~3个侧芽。侧芽从老叶的叶腋处长出，接地后可生根，随着生根侧芽的继续生长，其渐渐会与母体植株分离而形成独立植株。因此，秦岭石蝴蝶无性繁殖系数较低，繁殖速度较慢，周期较长，侧芽数目少是限制秦岭石蝴蝶繁殖速度的主要因素。秦岭石蝴蝶种群狭小、生长地分散，导致传粉都是在同一种群内进行，所以秦岭石蝴蝶的有性繁殖基本属近亲繁殖，这一现象势必使得秦岭石蝴蝶这一植物适应环境的能力降低。此外，一直以来有性繁殖方式并未得到确切证实。研究者将野外采回的秦岭石蝴蝶种子，放入15℃、25℃培养箱中连续培养60天，均无发芽（吴金山，1991）。经分析，造成种子不育的原因是秦岭石蝴蝶8~9月花期时，正值勉县的雨季，这时的光照、气温和降水均不利于柱头授粉和子房发育，因此，在自然条件下，可能存在种子不育的现象，这就造成秦岭石蝴蝶种子在自然状态下向幼苗的转化率较低，这也不利于秦岭石蝴蝶在自然状态下的自然更新。

遗传多样性水平决定了物种对环境的适应能力，目前该物种仅在陕西省汉中市勉县和略阳县境内的阴湿山沟被发现，分布区域狭窄，种群较小、个体数量有限，由此产生的两个重要的遗传后果是增强近交衰退和遗传漂变的作用，从而导致后代种群的遗传多样性较低（孙旺等，2020）。反过来，较低的遗传多样性使得濒危植物对环境选择的压力更为敏感，对环境变化的适应能力也更差，从而增大了物种灭绝的风险。例如，对华中特有单种属植物裸芸香（*Psilopeganum sinense*）多个自然居群的遗传多样性的研究表明，裸芸香的低遗传多样性决定了其很难适应变化的环境，自然生境不断遭受破坏造成其资源不断减少以致濒危。

生物进化的实质在于种群基因频率的改变，而基因突变也是生物进化的重要因素之一。一般来说在进化过程中内环境调控的不断完善及对环境分析能力和反应方式的发展，加强了机体对外界环境的自主性，扩大了活动范围。在进化过程中环境往往起到的是选择作用，有利于生存的就保留下来，遗传物质的变异也会逐渐稳定，不利于生存的就会被淘汰，这也许就是野生濒危植物秦岭石蝴蝶进化存在缺陷的重要原因之一。总之，其进化缺陷机制还有待进一步深入研究、分析和验证。

第二节　秦岭石蝴蝶保护策略探讨

植物是自然界的生产者，是整个生态系统的根基，拯救植物就是拯救自然、拯救生命。野生植物是陆地最大生态系统——森林生态系统的组成部分，是森林生态系统的基础，在维护和优化自然环境中发挥着不可替代的作用。保护生物多样性就是要在生态系统中形成不同的保护区块，对资源进行分门别类和有针对性的保护。濒危植物是植物中的"弱势群体"，它们的野生数量少，分布范围窄，如果生存环境发生改变，而我们又放任不管，它们很可能会从地球上消失。依据濒危、稀有程度及其价值，将重点保护野生植物分为国家一级和国家二级。我国研究人员还提出了"极小种群野生植物"的概念，明确了我国当前予以优先保护的120 种野生植物物种。国家制定了一系列保护措施，由面及点、逐步落实，进一步推动了我国野生植物保护工作的开展。保护秦岭野生植物资源，是秦岭生态环境保护工作的重中之重。地史演变、人类活动的干扰，对秦岭石蝴蝶的生长环境造成不可逆的破坏，最终使其生活力下降，导致该物种种群数量急剧减少。秦岭石蝴蝶对生存环境要求很高，如果不加以干预，将会加速其灭绝进程，虽然目前已取得一定成绩，但保护工作还有漫长的阶段要持续进行。

一、严格开展就地保护

就地保护是近年来生物学研究的重点，是一种根据濒危植物生存所在地进行保护的有效措施，这种保护策略不仅可以保护植物本身，也是对周边生态环境的保护，可以避免秦岭石蝴蝶未来发展更加恶化，这是一种最为有效的保护措施（苑虎等，2009）。就地保护有点像"居家治疗"，管理者将植物所在地划出一定范围予以特殊保护和管理，建立自然保护区、国家公园等。就地保护不仅保护了濒危植物，还保护了它们的"邻居"（生存在同一区域的其他植物）及自然生态系统，从而在物种多样性、遗传多样性、生态系统多样性三个层面都提供了最有效的保护。就地保护与迁地保护被认为是生物多样性保护最有效的两种措施。我国不仅建立了就地保护和迁地保护网络，还构建了相应的法律和政策框架。

保护好秦岭石蝴蝶原生地居群，确保其生存繁衍安全是保证不灭绝的头等大事。对于秦岭石蝴蝶的就地保护要根据它的野外居群分布范围，实施具体的保护措施。市县两级主管部门通过夯实基层林（山）长、生态护林员监管职责，聘请兼职管护员及广泛宣传法律法规和科普知识宣传等措施，努力构建原生地地方政府和居民"不扰动、不破坏、共保护"的行动共识，推动秦岭石蝴蝶就地保护工作落细落实，确保野外资源数量稳定增长。目前仅在汉中的勉县和略阳有两处野外居群，两处的生长环境不一样。其中，勉县的野外居群分布在一户农户房屋后面的一片岩面上，该野生居群最容易受到人为干扰，如放牧、采挖，以及野生动物如野猪的践踏等。针对这一分布点，首先应该通过县区的林业部门，如勉县野生动植物保护管理站，在农户房屋后面安装摄像头，同时安排专人进行定期巡护，在条件允许的情况下，可以安装全天候监控摄像头，通过与手机和电脑联网可以随时随地进行保护和监测。同时，注意对本区域的农户进行濒危植物保护知识的科普教育和法律普及。另外一处秦岭石蝴蝶的野生居群，在略阳的一个阴湿狭长的山沟里，此处远离村落，人为干扰相对较少，但是仍然面临采药人采挖和放牧破坏的风险。因此，汉中市野生动植物保护管理站对这里利用铁篱笆和围栏等进行了保护，同时也安排了专人进行管理和定期巡护（图8.3）。同时，要注意秦岭石蝴蝶栖息地周边环境的保护及注意环境条件各因素的季节和年间变化情况是否能满足秦岭石蝴蝶生存繁衍的需要。此外，在对秦岭石蝴蝶就地保护时应注意以下几点：第一，必须消除人类活动对濒危秦岭石蝴蝶生存环境的破坏，停

图 8.3　秦岭石蝴蝶略阳县分布地的就地保护情况

止开荒和过度放牧，不能乱砍滥伐，尤其是对秦岭石蝴蝶的分布区域，需要加强监管力度，对于大量挖掘秦岭石蝴蝶作为营利手段的行为，应该通过相关法律来进行约束，要主动进行珍稀濒危植物保护工作宣传，引导大众对濒危植物的关注；第二，由于生态环境的破坏而使秦岭石蝴蝶处于濒危的地区，则应该停止对生态环境的破坏行为；第三，人为适当地干扰以改善群落环境，增加种群竞争力，促进种群的更新；第四，继续加大对野生秦岭石蝴蝶保护的宣传力度，借助网络、通信和数字媒体等技术方式，以植物学、保护生物学、生态学、法律法规和相关政策等为主要内容，普及濒危植物秦岭石蝴蝶和生物多样性保护的相关知识及重要性，使保护濒危植物秦岭石蝴蝶成为每个公民的自觉行动，促进人与自然和谐发展的理念深入人心，尤其要要求所在地区居民不应过分开采，建立起全民保护意识。积极创造条件，推进保护区内村庄搬迁工作，降低人为活动干扰程度，从根本上缓解珍稀濒危植物的生存压力，同时，要让群众了解相关的法律法规，认识到破坏野生秦岭石蝴蝶濒危植物资源的法律后果，最终实现人与自然和谐发展。

二、积极开展迁地保护研究

植物多样性保护的主要方式是就地保护、迁地保护和野外回归。因此，在加强就地保护的基础上，选择适宜的位点，开展行之有效的迁地保护对种群延续和物种保存至关重要（肖来云和普正和，1996）。迁地保护是将珍稀濒危植物迁移到人工环境中对其加以保护，这种濒危植物保护措施是对就地保护的有效补充。迁地保护为种质资源的评价、研究、科普教育、开发利用、开展种群回归、重建和恢复等工作提供材料。迁地保护的主要形式包括植物园（含苗圃或种质资源圃）活植物收集保存、种质（种子、花粉、DNA 材料、营养器官等）的种质资源库保存、组织培养物或苗的实验室离体保存等。由于一些珍稀濒危植物在自然条件下对其加以保护已经无法达到避免其灭绝的目的，人们可以通过迁地保护的方法，促进植物资源可持续发展。例如，相关人员可以建立植物园，对珍稀濒危植物进行驯化，并通过人工栽培的方式提高植物的繁殖能力。很多地区的植物园已经开展迁地保护项目。目前来看，我国已有超过 60% 的植物物种实现了迁地保护，并在人工培育的促进下走出濒危困境。构建以国家公园为主体的自然保护地体系是就地保护的主要形式，建设以国家植物园为引领的植物园体系是迁地保护的主要形式，而对于秦岭石蝴蝶来说，目前在生境相似地建立苗圃和仿生态栽培，是比较经济和有效的手段。

离体保存基因库是利用秦岭石蝴蝶种子、根、花粉、叶等器官来贮藏资源。野生秦岭石蝴蝶保存基因库有利于满足将来研究的需要，在人工控制下延长种子的衰老过程，进而延长种子的寿命。当濒危植物秦岭石蝴蝶在经历自然灾害时，离体保存基因库则可以帮助其重新回归自然，避免了整个物种的灭绝，也可以规避自然条件下秦岭石蝴蝶发生遗传变异的可能性。当下离体保存基因库中普遍使用超低温保存法，以达到长期储存的目的。组织培养作为一种快繁体系，在迁地保护中有其不可替代的优点，尤其对一些濒危物种繁育的贡献尤为重要，因此建立秦岭石蝴蝶的繁殖体系，加快扩大种群数量，以期为该植物的迁地保护和开发利用提供技术保障是关键的一步。

此外要保护濒危植物秦岭石蝴蝶，从根本上说，必须设法增加秦岭石蝴蝶种群内的遗传多样性。对残存的秦岭石蝴蝶种群，要进行有目的、有计划的引种种植，以保存其种质资源。根据秦岭石蝴蝶在自然状态下的分布和传粉特点，把由于生境破坏和片段化而被隔离在各个小生境中的秦岭石蝴蝶看成是在遗传物质上有差异的种群，在不同种群之间进行引种交换以促使种群间遗传物质的交流，防止可能发生的遗传物质的流失和近亲杂交导致的种群衰落，这对增加秦岭石蝴蝶种群内的遗传多样性并进而提高其适应环境变化的能力有重要的意义。汉中市林业局自 2016 年起联合陕西理工大学和汉中市略阳县苗圃启动了秦岭石蝴蝶的人工繁育和保护研究，通过扦插繁殖、分株繁殖与种子繁殖 3 种手段，成功繁育秦岭石蝴蝶人工苗 10 000 余株（蒋景龙等，2019），并在略阳县苗圃开展栽培驯化及仿野生种植。由于秦岭石蝴蝶本身内在的抗逆性、适应力和繁殖力等方面存在缺陷，仅保护环境不足以使其种群有效恢复，必须通过人工抚育措施和人工辅助授粉技术保障其有性生殖过程。针对秦岭石蝴蝶生殖周期长、种子发育易受外界环境干扰的特点，首先采用人工辅助授粉，等花朵授粉成功后，种子需要 45 天的生长才能成熟，果实自然干枯后轻轻摘下，置于阴凉通风处 3 天，自然干燥，再将干燥后的果实置于干燥密闭容器内，放入 4℃冰箱中春化 3 个月；然后播种在温室大棚内，同时保持棚内温度不低于 15℃，避免秦岭石蝴蝶进入休眠状态（胡凤成等，2021）。秦岭石蝴蝶长成成苗后，将其移栽于野外环境，最终形成一定的野外居群。

三、积极开展野外回归研究

野外回归指在迁地保护的基础上，通过人工繁殖把植物引种到原分布地或其他自然或半自然的生境中，以期建立具有丰富遗传多样性的、能适应环境变化的、能自我维持和更新的种群（任海等，2014）。作为物种保护及种群恢复的重要策略之一，野外回归在越来越多的珍稀濒危植物保护实践中得到了应用。在自然生态系统中，植物间及其他生物间的关系十分复杂，一个较稳定的植物群落通常不容易接受一个新物种，珍稀濒危植物在演化过程中存在着某些脆弱环节而不能适应人类的干扰和生态环境的迅速变化，因此，珍稀濒危植物的回归很困难，全球成功的案例并不多。我国已建立了"选取适当的珍稀植物，进行基础研究和繁殖技术攻关，再进行野外回归和市场化生产，实现其有效保护，加强公众的保护意识，同时通过区域生态规划及国家战略咨询，推动整个国家珍稀濒危植物回归工作"的模式（任海等，2014）。目前，我国开展野外回归科学实验的类群有 42 个，其中研究比较系统有的报春苣苔（*Primulina tabacum*）、虎颜花（*Tigridiopalma magnifica*）、杜鹃叶山茶（*Camellia azalea*）、怀集报春苣苔（*Primulina huaijiensis*）、漾濞槭（*Acer yangbiense*）、德保苏铁（*Cycas debaoensis*）等，而没有严格科学实验的回归实践涉及的种类 60 个（任海等，2014）。近些年接近指数增长的回归案例表明，回归是战胜全球生物多样性丧失的高效工具。

从 2019 年开始，陕西理工大学、汉中市野生动植物保护管理站、略阳县林木种苗工作站等 3 家单位组成的科研团队，先后在原野生分布地以外的汉中市褒河林场、城固县双溪镇三流水、陕西长青国家级自然保护区、陕西佛坪国家级自然保护区、略阳五龙洞国家森林公园等地，开展了不同规模的秦岭石蝴蝶野外回归研究，取得了一定的进展。经过定期跟踪和调查，发现秦岭石蝴蝶的野外回归点选址最为重要，夏季的暴雨和泥石流及冬季的低温冻害是秦岭石蝴蝶野外生存面临的最大挑战。野外回归是一个长期的系统工程，如果从短期来看，回归成功至少包括物种能在回归地点顺利完成生活史，能顺利繁衍后代并增加现有种群数量，种群生长速率至少有一年应该大于 1，同时种子产量和发育阶段分布类似于自然种群，种子能够借助本地媒介（如风、昆虫、鸟类等）得到扩散，从而在回归地点之外建立新的种群。目前，秦岭石蝴蝶的野外回归仅仅停留在能够适应环境，并且能够有较大的存活率，而对于能否顺利完成生活史，并借助自然条件顺利繁衍后代而增加现有种群数目，还需要进一步扩大野外回归的范围，延长定期跟踪的时间，并且在花期利用红外相机或录像设备进行访花昆虫的抓拍和跟踪，最终实现回归种群融入生态系统，并在生态系统恢复和功能重建中扮演重要作用。

四、加强秦岭石蝴蝶濒危机制研究

面对日益严峻的形势，仅就地保护和迁地保护是不够的，必须积极开展秦岭石蝴蝶致濒机制和生态学相关方面的研究。首先，调查秦岭石蝴蝶的生境、群落结构、种群年龄组成、空间结构、人为干扰程度等，弄清该物种的分布现状、年龄结构、分布格局、增长与消亡的趋势及速率，并对种群未来的动态趋势进行有效预测，揭示种群各器官生长、发育规律、整个生活史规律、各个生长环节、自身特点及环境对其影响，从生态学角度来分析其濒危原因。其次，可利用该 DNA 分子标记技术对秦岭石蝴蝶种群的遗传多样性进行研究，揭示出秦岭石蝴蝶群体的遗传多样性水平和遗传结构，分析其进化潜能。还可以应用叶绿体 DNA 非编码区序列分析技术构建石蝴蝶属的叶绿体遗传谱系，通过分析单倍型的系统发育关系揭示秦岭石蝴蝶的现今地理分布格局的形成原因，重建其居群进化、迁移历史，深入分析古地质古气候变迁对秦岭石蝴蝶珍稀濒危现状的影响。再次，还应该应用光学显微镜、实体解剖镜和扫描电子显微镜等手段从繁育系统、大小孢子发生及雌雄配子体发育、开花生物学特性、种子萌发特性四方面对秦岭石蝴蝶的生殖生物学进行研究。通过生殖生物学研究分析秦岭石蝴蝶生殖过程的各个环节中可能存在的生殖障碍，详细分析该物种的濒危机制。最后，加强对濒危植物秦岭石蝴蝶繁殖技术的研究，利用科学技术进行人工模拟实验，通过创新研究其自身的保护方式。例如，南京植物园提出了植物迁地保护模式并建立了省级迁地保护重点实验室，中国科学院西双版纳热带植物园对濒危植物遗传多样性进行研究等，秦岭石蝴蝶的保护同样可以借鉴上述模式。

另外，秦岭石蝴蝶种子潜在萌发力较低，自然条件下种子几乎不萌发，科研工作者可通过检测种子活力和抗氧化酶活性等生理指标研究温度和光照等外界因素对秦岭石蝴蝶种子萌发的生理生态学影响，重点要放在打破秦岭石蝴蝶种子休眠和提高其种子实际萌发率等方面，以便合理地选择甚至创造适宜的生境，更有效地实现保护。科研工作者应努力探讨秦岭石蝴蝶的生长、繁殖、栽培、保存的新方法，对比该属其他植物对其进行详细的生态调查，分析其种群结构和种群动态。还要对其进行生殖生物学和遗传学研究，分析其生殖过程各环节中是否存在生殖障碍；分析其遗传结构，对其进行分子系统地理学研究，重现其进化历史，揭示其进化潜能。

五、完善濒危植物物种保护政策法规和行动计划

中国是全球生物多样性最丰富的国家之一。最近 40 年，中国的植物多样性保护取得了巨大成就，实施了多项政策和法律，尤其是《野生植物保护条例》和《国家重点保护野生植物名录》先后颁布，奠定了中国植物保护的法律和政策框架，就地保护和迁地保护网络基本形成。对中国履行《全球植物保护战略（2011—2020）》进展情况的分析表明，总计 16 个目标中，中国已完成目标 75%~100% 的有 6 个，50%~75% 的有 6 个，另有 4 个已完成目标的 25%~50%，总体进展良好。但与生态文明建设的要求相比，野生植物保护依然存在许多不足。

我国于 1980 年加入《濒危野生动植物种国际贸易公约》（CITES），1985 年发布森林和野生动物类型自然保护区管理办法》，1992 年签署的《生物多样性公约》，

1994 年颁布《自然保护区条例》（就地保护核心法规），1996 年正式发布《中华人民共和国野生植物保护条例》，2006 年颁布《风景名胜区条例》，2019 年修订《森林法》等，对就地保护地设置原则、珍稀濒危植物保护方法、保护地内人类活动管理进行阐述。近 10 年来，我国修订了《中华人民共和国野生动物保护法》《中华人民共和国森林法》《中华人民共和国草原法》等 20 多部生物多样性相关的法律、法规，基本确定了中国植物多样性就地保护的基本法律框架。除一些宏观条款外，《野生植物保护条例》的大多数规定都是针对《国家重点保护野生植物名录》所列物种。《国家重点保护野生植物名录（第一批）》于 1999 年颁布（http://www.gov.cn/gongbao/content/2000/content_60072.htm），目前已有 16 个省（自治区、直辖市）颁布了地方名录。2021 年 9 月，经国务院批准，国家林业和草原局及农业农村部颁布了新的《国家重点保护野生植物名录》（2021 年第 15 号），共 455 种和 40 类（1101 种）。

为了使野生植物资源管理和珍稀濒危植物保护走上法治化轨道还应进一步完善法规体系，抓紧制定有关法规实施条例和管理办法，尤其要制定地方级的物种保护政策、法规和行动计划；保护政策应确定优先保护对象，强调保护的急迫性和必要性，明确领导部门的责任，落实实施步骤和切实可行的措施。例如，《野生植物保护条例》也规定禁止采集国家一级保护野生植物，因科学研究、人工培育、文化交流等特殊需要，采集国家一级保护野生植物的，应当按照管理权限向国务院林业行政主管部门或者其授权的机构申请采集证。采集国家二级保护野生植物的，必须经采集地的县级人民政府野生植物行政主管部门签署意见后，向省、自治区、直辖市人民政府野生植物行政主管部门或者其授权的机构申请采集证。这是避免野生植物被过度采集的重要手段。在司法实践中，原生地的范围很难界定。建议将国家或省级主管部门组织的正式野生植物资源调查确认有分布的县级行政区域作为原生地。另外，考虑到一些极度濒危或极小种群物种野外回归数量不大，如秦岭石蝴蝶、德宝苏铁等，但对物种的存续至关重要，建议将野外回归种群也纳入野生植物范围加以保护。

六、"地方政府重视+校地合作+社会参与"保护模式探讨

近 40 年来，中国尽管在植物多样性保护方面取得了巨大成就，但是在濒危或

极小种群野生植物保护方面仍然任重道远。极小种群野生植物的保护和研究是一项系统的、长期的工程，需要多方的努力和合作，不是仅仅政府部门或科研机构一两家单位能够完成的。一般认为，政府在极小种群野生植物的保护方面发挥着主导性的作用，一方面政府在迁地保护机构设立、保护地建设管理、政策法律的执行和修订及经费和资金的投入等方面具有无可代替的优势；另一方面政府在调动各方资源方面具有很高的效率。但是，野生植物保护工作有很强的专业性，如名录修订、人工繁育技术建立和野外回归活动的开展、濒危机制的研究与法律的修订、宣传科普等方面，都需要强化科研机构的参与。科研机构具有丰富的人力资源、良好的知识储备和稳定的科学研究平台，这些可以为极小种群野生植物的野外调查、濒危机制研究、人工繁育和大规模野外回归等提供较好的人力及技术支撑。因此，政府管理部门应充分吸收专家力量，听取专业意见，鼓励科研机构加入拯救濒危野生植物的科研活动。同时成立相应的团队或植物园建设评估专家委员会，指导迁地保护工作。

此外，野生植物分布地的民众是最好的保护者，要寻求野生植物资源的可持续利用方式，如选择当地有代表性的、具有观赏价值的物种，发展自然教育、游憩休闲活动，开发特色文化创意产品，通过惠及当地民众，促进其主动参与就地保护。要充分推动科研部门、社会团体和公众参与保护工作，设计一些容易参与的项目，如开展濒危物种的巡护、监测、繁育、野外回归等，从社会筹集资金，既拓展经费渠道、扩大保护力量，也传播保护理念和知识。同时，由于公众对破坏野生植物的行为不如对野生动物那样敏感，社会关注度低，关于植物保护的宣传教育工作有待强化。积极创新方式方法，充分利用融媒体时代的传播特点，借助各类就地和迁地保护机构、博物馆、科普基地，以及媒体、网络等，联合政府、研究机构、非政府组织和公众的力量，共同推动野生植物保护宣传，强化公众与植物的情感联系，广泛使用图片、短视频、形象代言等方式促进社会公众了解和支持植物保护，遵守法律法规。

以极小种群野生植物——秦岭石蝴蝶为例，在首次调查发现秦岭石蝴蝶野外分布地之后，汉中市野生动植物保护管理站除了迅速成立了专门机构、划拨专门经费对秦岭石蝴蝶野外分布地进行了就地保护，同时还主动筹措资金，联合陕西理工大学"秦岭石蝴蝶研究与保护团队"积极开展秦岭石蝴蝶的生殖学、人工繁育、野外回归、濒危机制等方面研究，同时在略阳县苗圃建立秦岭石蝴蝶人工繁育基地，为秦岭石蝴蝶的研究建立了稳定的平台和保障。这种"地方政府重视+校地合作"的保护模式，包括"秦岭石蝴蝶珍稀濒危物种保护"与"朱鹮保护"同批获生态环境部"2022年生物多样性优秀案例"，并作为典型案例在2022年加拿大蒙特利尔召开的联合国《生物多样性公约》缔约方大会第十五次会议（COP15）第二阶段会议期间进行了展播。2023年，阿拉善SEE基金会、西安市企业家环保公益慈善基金会开始给予经费资助，继续开展秦岭石蝴蝶的大规模野外回归研究和科普宣传活动，标志着秦岭石蝴蝶的"地方政府重视+校地合作"的极小濒危物种拯救保护模式，向"地方政府重视+校地合作+社会参与"的模式转变，让社会更多的民众加入保护秦岭石蝴蝶和秦岭生物多样性的行列（图8.4）。

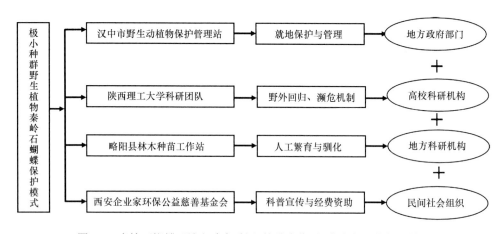

图 8.4　秦岭石蝴蝶"地方政府重视+校地合作+社会参与"的保护模式

近年来，我国各地逐步开展了地方性的珍稀濒危保护植物的调查和研究，但仍存在一些问题。因此加强这方面的研究尤为迫切。本研究针对珍稀濒危植物秦岭石蝴蝶的具体情况，提出保护规划的建议：①政府及管理机构要在珍稀植物资源保护上投入更多关注，设立专项资金，鼓励科研人员开展对珍稀濒危植物的研究。②针对不同植物物种生长特性，在汉中不同海拔地区，建立濒危植物秦岭石蝴蝶繁育基地。③引进生态环境自动监测系统（ENVIS），对秦岭石蝴蝶进行长期监测。④运用 DNA 条形码技术获取秦岭石蝴蝶的遗传基因，提交基因库。⑤对设立自然保护区的标准进行规范，尤其要增加濒危植物秦岭石蝴蝶的保护规范，对自然保护区可以划分保护区单元进行分级管理。⑥广泛开展濒危植物秦岭石蝴蝶多样性保护的国际合作。开展国际合作是当前濒危物种多样性保护的又一项重要措施。可依据公约的机制结合我国国情进行合作研究与开发，在管理、科研、技术领域与国外同行进行交流和合作，从而促进我国秦岭石蝴蝶保护工作的深入开展，为保护地球环境作出贡献。

总之，对濒危植物秦岭石蝴蝶的保护功在当下、利在千秋。国家和地方性的政策法规的制定及实施是保障的关键，社会、经济和生态系统是互相关联的。如果社会经济活动超过了生态系统的承受力，濒危植物生物多样性就会减少，就会制约社会经济的发展。人类的利益同其他生物的利益有许多的冲突和竞争。因此，制定政策制止人类社会的扩张，才是保护濒危植物秦岭石蝴蝶生物多样性最根本的政策。政府主管部门是开展好秦岭石蝴蝶保护的核心部门和领导机构，高校和科研院所的参与，以及全民普及教育是其保护工作能够具体落实、可持续进行的保证。无论是植物园中还是野生状态下的珍稀濒危植物，只有站在促进人与自然和谐发展的角度开展保护及人工干预，才能够真正得到保护，实现生物多样性的可持续发展。

虽然近年来，前人已经做过多次野外科考工作，也先后发表了一些文章，但这并不代表我们对石蝴蝶种类已经完全认知。专业调查人员缺乏、调查区域不全面、调查数据动态更新迟缓，造成了保护上的疏漏和缺位，如对秦岭石蝴蝶的保护，虽已设立保护区域，但后期监测并未得到有效实施，造成该区域全部被山体滑坡覆盖，以至于野生秦岭石蝴蝶资源区域灭绝。所以，在未来仍需要进一步加强这些地区的野外调查工作，尤其对衰退型或极度衰退型的野生秦岭石蝴蝶群落设置固定样地，进行长期的定位检测，为采取合理的就地保护或迁地保护措施提供依据。

参 考 文 献

丁剑敏, 张向东, 李国梁, 等. 2018. 濒危植物居群恢复的遗传学考量. 植物科学学报, 36(3): 452-458.

胡凤成, 赵新锋, 蒋丽萍, 等. 2021. 秦岭石蝴蝶育苗技术. 陕西林业科技, 49(2): 106-109.

黄至欢. 2020. 中国珍稀植物濒危原因及保护对策研究进展. 南华大学学报(自然科学版), 34(3): 42-50.

蒋景龙, 孙旺, 胡选萍, 等. 2019. 珍稀濒危植物秦岭石蝴蝶的繁育研究现状. 分子植物育种, (9): 3024-3029.

蒋景龙, 颜文博, 胡凤成, 等. 2023. 濒危植物秦岭石蝴蝶野外回归早期探索. 生物多样性, 31(3): 1-9.

黎君, 杨妮, 周天华. 2015. 珍稀濒危植物秦岭石蝴蝶的研究进展. 中国野生植物资源, 34(5): 38-40.

马克平, 钱迎倩, 王晨. 1995. 生物多样性研究的现状与发展趋势. 科技导报, 13(1): 27-30.

彭少麟. 2003. 热带亚热带恢复生态学研究与实践. 北京: 科学出版社.

邱志敬, 刘正宇. 2015. 中国石蝴蝶属植物. 北京: 科学出版社.

任海, 简曙光, 刘红晓, 等. 2014. 珍稀濒危植物的野外回归研究进展. 中国科学: 生命科学, 44(3): 230-237.

孙旺, 蒋景龙, 胡选萍, 等. 2020. 濒危植物秦岭石蝴蝶的 SCoT 遗传多样性分析. 西北植物学报, 40(3): 425-431.

王文采. 1985. 石蝴蝶属(苦苣苔科). 云南植物研究, 7(1): 49-68.

王勇, 杨培君, 李长波. 2015. 封面植物介绍: 秦岭石蝴蝶. 西北植物学报, 35(1): 97.

吴金山. 1991. 珍稀濒危植物: 秦岭石蝴蝶. 植物杂志, (3): 8.

肖来云, 普正和. 1996. 珍稀濒危植物的迁地保护研究. 云南林业科技, (1): 45-53.

杨平, 陆婷, 邱志敬, 等. 2016. 濒危植物秦岭石蝴蝶的生态学特性及濒危原因分析. 植物资源与环境学报, 25(3): 90-95.

苑虎, 张殷波, 覃海宁, 等. 2009. 中国国家重点保护野生植物的就地保护现状. 生物多样性, 17(3): 280.

周丽华, 蔡秀珍, 张宏亮. 2006. 珍稀濒危植物的濒危机制与保护对策. 湖南人文科技学院学报, (6): 43-46.

Chen Y, Yang X, Yang Q, et al. 2014. Factors affecting the distribution pattern of Wild Plants with Extremely Small Populations in Hainan Island, China. PLoS One, 9: e97751.

第九章　秦岭石蝴蝶的研究价值与应用开发

30 多亿年前，地球上开始出现生命，经过地质时期的变迁，各种生命形成了丰富多彩的生物多样性。然而，随着人口的增加，经济活动的不断加剧，生物多样性正在急剧下降，特别是在生物多样性比较丰富的热带、亚热带发展中国家，由于人口的恶性膨胀与经济的不协调发展，生态系统更是遭到了严重破坏，大量物种已经灭绝或处于灭绝边缘。现代生物多样性的丧失速度已不是以百年计算，而是在几十年甚至几年内就可能消失。植物多样性丧失的最严重问题就是植物物种的灭绝。全球范围的生境丧失所导致的植物物种灭绝是目前被普遍接受的最主要的灭绝威胁。极小种群野生植物长期受外界因素胁迫干扰，种群呈现衰退和数量持续减少的趋势，种群及个体数量极少，有些已经低于稳定存活界限的最小可生存种群，随时面临灭绝的风险（Ren et al.，2012）。极小种群野生植物多为中国特有植物，在生态和经济上具有重要价值（Ma et al.，2013）。如果不及时保护，其潜在的基因价值和生物特征就会随物种的绝灭而消失（张则瑾等，2018）。因此，明确极小种群野生植物濒危机制，提高保护成效，有助于维持生态平衡和促进生态可持续发展，对我国的生物多样性保护具有重要意义（许玥和臧润国，2022）。野生植物是生态系统的重要组成部分，研究表明，一种植物一般与 10～30 种其他生物共存，一种植物灭绝会影响其他 10～30 种生物的生存（廖菊阳等，2015）。

我国是世界上生物多样性最丰富的国家之一，野生高等植物有 3.5 万多种，约占世界总数的 10%，居世界第三。同时，我国也是生物多样性受威胁最严重的国家之一（覃海宁等，2017）。中国拥有丰富的野生苦苣苔科植物资源，约占世界苦苣苔科植物总种数的 20%、总属数的 30%，是世界苦苣苔科植物的重要分布中心之一（许为斌等，2017）。中国南部和西南部的石灰岩地区是我国苦苣苔科植物的多样化分布中心与特有中心（李振宇，1996），该地区不但是世界生物多样性研究和保护的热点地区，也是我国生物多样性保护的优先区域，该地区对中国苦苣苔科植物资源的保护和利用起着举足轻重的作用。但我国苦苣苔科植物的相关研究却起步较晚。20 世纪 70 年代王文采先生带领中国苦苣苔科植物研究团队对该科陆续开展了系统的分类学研究，先后著《中国植物志》（第六十九卷）（王文采，1990）和 *Flora of China* 第 18 卷中的 *Gesneriaceae*（Wang et al.，1998）。对中国苦苣苔科植物最后一次系统而全面修订的是李振宇和王印政（2005）编著的《中国苦苣苔科植物》。该专著的出版对我国苦苣苔科植物随后十多年的研究起到了巨大的推动作用，也掀起了中国苦苣苔科植物研究的热潮。近十多年随着植物学家和植物爱好者对苦苣苔科植物关注度的不断提高，发现新类群和新物种的文章被大量发表。

第一节　秦岭石蝴蝶研究价值

一、生态价值

植物是生态系统的生产者，利用叶绿体进行光合作用，释放氧气并将二氧化碳固定成可被其他生物利用的有机物，在维持生态系统功能和稳定方面发挥了极为关键的作用。被子植物自中生代晚期（白垩纪）爆发以来，在大约 1.2 亿年的时间里，迅速统治了全球的陆地环境，取代蕨类、裸子植物，成为陆地植物多样性中最为主要和重要的成分，推动了现代陆地生态系统的形成。濒危植物的生态价值更是无法估量的，一种植物的消失将带来几十种伴生物种的消失，保护濒危植物对于保护生态平衡、保护生态系统多样性具有极其重要的意义（覃海宁等，2017）。

石蝴蝶属植物共 27 种 4 变种，85% 以上的种为我国特有，且大多数属珍稀濒危植物，是我国宝贵的种质资源，本属分布在西起印度阿萨姆邦、向东至湖北的西北部，北至秦岭南坡、向南达中南半岛的南部，大多数种类的分布区域都很狭小，现代的分布与分化中心是我国云南高原及其东、西毗邻地区（吴金山，1991）。中华石蝴蝶组因其花萼辐射对称、花萼分生，花冠上、下唇近等长，花药不缢缩等性状而为本属的原始类群。这个类群包括秦岭石蝴蝶在内共 7 个种，大多数种分布于云南北部至秦岭一带，秦岭石蝴蝶不仅是本属中的原始类群，也是本属分布最北缘的种类。在秦岭石蝴蝶群落生态系统中共有维管植物 28 种，隶属 23 科 28 属，其中蕨类植物 3 科 4 属 4 种，裸子植物 1 科 1 属 1 种，被子植物 19 科 23

属 23 种，显示该群落生态系统物种组成多样、优势科或优势属不明显（许为斌等，2017）。结合秦岭石蝴蝶的生态学特征，断定秦岭石蝴蝶为热带亚洲植物。王文采（1990）对石蝴蝶属的研究结果显示，石蝴蝶属的物种分化发生在喜马拉雅造山运动时期，地质变动使原本完整的分布区域遭到破坏，形成了间断分布的现象。陕西勉县处于温带向亚热带过渡的区域，这里的气候环境恰好适宜秦岭石蝴蝶生长，这可能是秦岭石蝴蝶自然分布狭窄的原因之一。据上述的石蝴蝶属分布区域式样，推测由于东南亚在某段时期发生地质运动，致使石蝴蝶属的完整分布区遭到破坏，形成间断现象。石蝴蝶属是一个自然分布区域不大的属，各组的种多很相近，彼此间的区别微小，现今多分布于亚热带地区，只有秦岭石蝴蝶分布于温带，该地区位于温带与亚热带的过渡区域，分析秦岭石蝴蝶可能为石蝴蝶属的孑遗（邱志敬和刘正宇，2015）。因此有必要对秦岭石蝴蝶进行谱系地理学研究，不但可以揭示该属植物的迁移、进化历史，而且对于了解秦岭以南地区多样性和特有性的形成机制都有十分重要的意义。对于秦岭石蝴蝶的保护与深入研究，将对探讨石蝴蝶属的起源演化、迁移路线、分布规律，以及秦岭植物区系的属性及历史渊源等具有一定的意义（黎君等，2015）。

二、观赏价值

在我国公布的第一批《国家重点保护野生植物名录》中，苦苣苔科引人注目。该科有 4 种国家一级重点保护野生植物，即单座苣苔（*Hemiboea ovalifolia*）、瑶山苣苔（*Oreocharis cotinifolia*）、辐花苣苔（*Oreocharis esquirolii*）和报春苣苔（*Primulina tabacum*）；还有国家二级重点保护野生植物，即秦岭石蝴蝶（*Petrocosmea qinlingensis*）（吴金山，1991）。这些植物不仅具有极其重要的科学研究价值，而且也是很好的观赏植物。然而，如此宝贵的植物资源并未得到人类应有的重视，绝大多数人可能从未听说过它们的芳名。苦苣苔科植物因其花色和花型美丽鲜艳而极具观赏价值，在美国专门有苦苣苔栽培与观赏协会，并有协会刊物——*GLOXINIAN*（一种美洲苦苣苔科植物）。上述 5 个重点保护野生物种多生活在亚热带的阴湿山地中，对温度、湿度、土壤等生长条件要求比较苛刻，加上藏在深山人未识，没有得到广泛的栽培利用。另外，它们多为单种属植物，即一属只有一种的植物，许多性状极为特殊，在系统与进化研究中有很高的科研价值,植物专家们更是将其视若珍宝。然而,由于这些植物的分布范围狭窄,居群数量少而小,有的种甚至只发现一个居群,其生存条件又极易遭到破坏,极小的环境变迁或人为影响,都有可能使我们永远失去它们。秦岭石蝴蝶分布在纬度较高的陕西勉县的山地岩石上,在我国苦苣苔科科植物中分布如此靠北的并不多见。秦岭石蝴蝶为我国特有,为多年生草本,叶基生,近圆形,呈翠绿色,花呈淡紫色,每朵花由一条长长的花序梗基生叶中托举而出,亭亭玉立,雅致怡人,两侧对称的花冠较平地展开,犹如一只只蝴蝶留恋在万绿丛中(图9.1),若是亲眼见

图9.1 野外或人工栽培秦岭石蝴蝶形态

到这种植物一定会觉得它是名实相符。除有较高的科研价值外，还以其艳丽的紫色花冠、雅致怡人的翠绿色叶片而具有很高的观赏价值，是一种很有开发价值的野生花卉资源。

第二节　秦岭石蝴蝶应用开发

一、观赏性开发

秦岭石蝴蝶，叶基生，植株呈莲座状，花序 2～6 条，花冠淡紫色，适合作为室内新型盆栽花卉，是一种具有较高开发价值的野生花卉资源，具有重要的观赏价值。在苗圃中培育，不仅增加了苗圃的植物物种多样性，提高生态效益和观赏效益，而且对其迁地保存，以及在普及植物学知识、提高人们的环保意识等方面，都有重要意义。本研究经过秦岭石蝴蝶人工繁育技术的攻关，建立了稳定的室内人工快速无性和有性繁殖技术体系，进而大规模繁育和户外驯化，最终获得了一定规模的秦岭石蝴蝶成苗群体。在此基础上，秦岭石蝴蝶研究与保护团队利用人工繁育的秦岭石蝴蝶，开发了以秦岭石蝴蝶为主题的各种生态瓶和仿生态栽培盆景。

微景观生态瓶近几年悄然流行起来。将秦岭石蝴蝶的幼苗、苔藓、多肉等植物，配上篱笆、砂石，以及可爱的卡通人物、小动物等，通通装进一个瓶子里，就做成了一个妙趣横生的秦岭石蝴蝶主题生态瓶（图9.2）。可放置在家中、办公室的案头，劳累疲乏时抬头一瞥，仿佛一下被带到一个简单纯净的童话世界。短暂地逃离钢筋混凝土，逃离繁杂与喧嚣，心情也变得惬意起来。生态瓶是一种有趣、充满活力且十分有用的工具，也可以作为科普教育和生态文明宣传的载体。

二、文化创意产品的研发及推广

尽管秦岭石蝴蝶主题生态瓶具有很多优点，但是不容易管理，另外秦岭石蝴蝶的开花期相对较短，花脱落后，会影响秦岭石蝴蝶的观赏性。因此，采用一定的工艺，将秦岭石蝴蝶干燥后固定下来，做出各种能够长期保存和展示的文化创

图 9.2　秦岭石蝴蝶主题生态瓶开发

意产品就变得尤为重要（图 9.3）。自 21 世纪以来，中国迎来了高质量消费的时代，文化创意产品也随之而来。文化创意产品在文化消费中的比例逐渐增加，成为新一代消费热点，甚至逐渐在文化消费中占据主导地位。文化创意产品作为一种文化载体，不仅给人们带来艺术的美感，也是一种科学、科普宣传的重要载体。文化创意产品与互联网结合后，可以承接更为丰富的内容。基于这一理念，"秦岭石蝴蝶文化创意开发工作室"经过多次设计和实验，积极开发和推出了各种秦岭石蝴蝶主题纪念品，为推广秦岭石蝴蝶的生态保护提供载体（图 9.3）。

图 9.3　秦岭石蝴蝶文化创意产品的开发

　　总之，基于秦岭石蝴蝶的生态保护和经济开发上的重要价值及其目前所处的濒危状态，我们很有必要对其濒危机制进行深入研究，从该物种的生态学、遗传多样性、进化迁移历史、生殖生物学、分子系统地理学等方面做深入分析，揭示进化潜能和濒危机制，提出保护策略，有助于延缓其种群灭绝、维护生态平衡、保存资源、促进生态可持续发展，为这种珍稀濒危植物的保护提供理论支撑，同时对合理地开发利用秦岭石蝴蝶资源也具有重要的意义。

三、秦岭石蝴蝶保护科普宣传

　　为了加强生物多样性保护宣传教育，积极引导社会团体和基层群众广泛参与，依托"世界野生动植物日""国际生物多样性日"等重要时间节点，组织开展科普讲座、生物多样性自然教育等宣传活动，丰富生物多样性保护成效的展示途径，提升公众认知度和参与度。秦岭石蝴蝶研究与保护团队先后以陕西省自然博物馆、大学《生态恢复原理与实践》网络精品课程、中小学自然教育实践课堂等平台，开展了濒危植物秦岭石蝴蝶保护方面的系列科普活动，如通过发放科普宣传册、展示保护案例成果等活动，使更多民众了解生物多样性保护和濒危物种保护的科学知识，让社会力量参与到濒危物种保护中来。

参 考 文 献

黎君, 杨妮, 周天华. 2015. 珍稀濒危植物秦岭石蝴蝶的研究进展. 中国野生植物资源, 34(5): 38-40.

李振宇. 1996. 苦苣苔亚科的地理分布. 植物分类学报, 34(4): 341-360.

李振宇, 王印政. 2005. 中国苦苣苔科植物. 郑州: 河南科学技术出版社.

廖菊阳, 彭春良, 田晓明. 2015. 湖南极小种群野生植物资源及保护对策研究. 中国植物园, (18): 47-54.

邱志敬, 刘正宇. 2015. 中国石蝴蝶属植物. 北京: 科学出版社.

覃海宁, 赵莉娜, 于胜祥, 等. 2017. 中国被子植物濒危等级的评估. 生物多样性, 25(7): 745-757.

王文采. 1990. 中国植物志(第六十九卷). 北京: 科学出版社.

吴金山. 1991. 珍稀濒危植物: 秦岭石蝴蝶. 植物杂志, (3): 8.

许为斌, 郭婧, 盘波, 等. 2017. 中国苦苣苔科植物的多样性与地理分布. 广西植物, 37(10): 1219-1226.

许玥, 臧润国. 2022. 中国极小种群野生植物保护理论与实践研究进展. 生物多样性, 30(10): 22505.

张则瑾, 郭焱培, 贺金生, 等. 2018. 中国极小种群野生植物的保护现状评估. 生物多样性, 26: 572-577.

Ma Y P, Chen G, Grumbine R E, et al. 2013. Conserving plant species with extremely small populations(PSESP)in China. Biodiversity and Conservation, 22: 803-809.

Ren H, Zhang Q M, Lu H F, et al. 2012. Wild plant species with extremely small populations require conservation and reintroduction in China. Ambio, 41: 913-917.

Wang W T, Pan K Y, L Z Y, et al. 1998. Gesneriaceae//Wu C Y, Raven P H. Flora of China, 18. Beijing: Science Press, St. Louis: Missouri Botanical Garden Press.

第十章　秦岭石蝴蝶研究进展与展望

　　秦岭石蝴蝶从标本采集到正确命名经历了近 30 年，在此期间，有关秦岭石蝴蝶方面的研究，仅在生物学特征和分布地方面有零星报道，而近 10 年，有关秦岭石蝴蝶方面的研究开始大量增多。本章梳理了有关秦岭石蝴蝶的命名与重发现、就地保护工作、基于分子标记的遗传多样性分析、人工繁育与驯化、野外回归、花器变异的现象与机制、濒危机制的探讨和应用开发等方面的文献资料，回顾了秦岭石蝴蝶保护方面开展的工作，并对秦岭石蝴蝶未来的研究和保护工作的重点方向进行了展望。

一、研究资料分析

　　由于秦岭石蝴蝶重发现时间较晚，目前尚未发现国外学者从事这方面研究。在中国知网（CNKI）数据库中以秦岭石蝴蝶为标题搜索到的文章仅十几篇，大部分文章集中在秦岭石蝴蝶的人工繁育，其次为生物学特征的描述，而濒危机制和野外回归方面研究才刚刚开始。在这些成果中以陕西理工大学为第一单位发表的论文有 8 篇，为总数的 61.54%，以新疆农业大学为第一单位发表的论文有 2 篇，以陕西中药研究所和略阳县苗圃为第一单位发表论文各 1 篇，此外，也有其他单位参与了秦岭石蝴蝶的研究工作，如汉中市野生动植物保护管理站和深圳市仙湖植物园。秦岭石蝴蝶方面的研究文献主要发表在《生物多样性》《西北植物学报》《分子植物育种》《北方园艺》《植物杂志》等期刊，其中《西北植物学报》上发表的论文最多，为 4 篇，其次为《北方园艺》（2 篇）（图 10.1A）。从吴金山先生 1991 年第一篇描述秦岭石蝴蝶的生物学特征和野外分布地生境开始，研究人员陆续在秦岭石蝴蝶濒危机制、人工繁育、花器变异和野外回归等方面开始报道，尤其是近 5 年发表了 8 篇，占总篇数的 61.54%，并且研究越加深入（图 10.1B）。

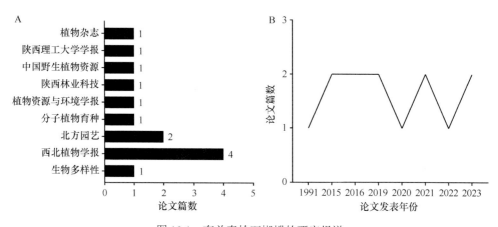

图 10.1　有关秦岭石蝴蝶的研究报道

A. 不同期刊发表的秦岭石蝴蝶研究方面的论文数目；B. 有关秦岭石蝴蝶成果发表的变化趋势

二、近期取得的成果

经过 10 余年努力，秦岭石蝴蝶研究与保护团队系统开展了野外调查、就地保护、人工繁育与苗圃驯化、野外回归、濒危机制和观赏性开发等方面的研究，成功摸索出一条"地方政府重视+校地合作+社会参与"的秦岭石蝴蝶保护模式，为极小种群植物秦岭石蝴蝶的保护和种群复壮奠定了基础，同时也为其他极小种群植物保护提供参考。

团队首先突破了秦岭石蝴蝶人工繁育和驯化技术难题。首次建立了一套秦岭石蝴蝶的叶片离体组织培养技术、人工辅助授粉与种子繁殖技术和户外苗圃驯化技术。秦岭石蝴蝶种子繁殖技术证实了其有性繁殖方式的存在，解决了无性繁殖的遗传背景单一的问题，对今后秦岭石蝴蝶的种群保护与开发应用研究具有重要科学意义。以上成果先后在《西北植物学报》《北方园艺》《陕西林业科技》上发表，申报种子繁殖技术发明专利 1 项，建立秦岭石蝴蝶人工繁育和示范基地 1 个，仿生态栽培基地 1 个，开发秦岭石蝴蝶主题文创产品 3 类 10 余种。从 2018 年开始，利用以上技术繁育秦岭石蝴蝶成苗 20 000 余株，其中 2019 年秦岭石蝴蝶人工繁育突破 10 000 株，被《陕西日报》《中青在线》等媒体报道。2021 年秦岭石蝴蝶人工繁育技术成果获陕西林业科技成果奖一等奖（图 10.2）。其次实施了秦岭石蝴蝶野外回归与监测。分别在汉中市褒河林场（2020 年）、城固县国有青龙寺林场和小河林场（2021 年）、陕西长青国家级自然保护区（2023 年）、佛坪国家级自然保护区和略阳五龙洞国家森林公园（2024 年）区域，历时 5 年开展了 4 期秦岭石蝴蝶野外回归，野外回归数量达到 11 000 余株，分布地增加到 6 个县区，秦岭石蝴蝶实现恢复性增长，极度濒危态势得到扭转，以上成果发表在《生物多样性》杂志上。2023 年秦岭石蝴蝶野外回归成果再获陕西林业科技成果奖二等奖（图 10.2），被央视《朝闻天下》

图 10.2　濒危植物秦岭石蝴蝶保护研究获奖情况

《新闻直播间》《今日环球》等栏目报道。2024 年 6 月首次发现秦岭石蝴蝶野外回归苗自然状态下有性繁殖现象，被新华社专题报道。此外，秦岭石蝴蝶研究与保护团队经过持续调查与监测，发现秦岭石蝴蝶濒危原因有两方面：一方面，秦岭石蝴蝶生长在阴湿附有苔藓的岩壁上，对环境要求苛刻，生境脆弱，易受极端气候和人为干扰影响；另一方面，秦岭石蝴蝶遗传背景狭窄，遗传多样性低，传粉对昆虫依赖性较高，较易受天气影响，自然条件下种子萌发率低，这些因素可能是导致秦岭石蝴蝶濒危的主要原因，以上成果发表在《生态学报》《西北植物学报》等杂志。最后形成了一个"地方政府重视+校地合作+社会参与"濒危物种保护新模式。"地方政府重视+校地合作"的保护模式，被生态环境部授予"2022 年生物多样性优秀案例"（图10.2），并作为典型案例在 2022 年加拿大蒙特利尔召开的联合国《生物多样性公约》缔约方大会第十五次会议（COP15）第二阶段会议期间进行展播。2023 年开始，民间社会组织的参与，以及在陕西自然博物馆、略阳县嘉陵江广场、陕西特色线上课程《生态恢复原理与实践》、汉中市广播电视台等平台进行的秦岭石蝴蝶保护系列科普宣传活动，标志着秦岭石蝴蝶由"地方政府重视+校地合作"的濒危物种保护模式，向"地方政府重视+校地合作+社会参与"的模式转变，让更多民众加入保护秦岭石蝴蝶和秦岭生物多样性的行列。

三、展望

对于秦岭石蝴蝶而言，目前其人工繁育技术已较为成熟，但其野生种群数量仍然极少，其保护和研究工作仍任重而道远。下一步的研究和工作应着重于以下几个方面：①利用卫星遥感和物联网技术全天候监测秦岭石蝴蝶野外分布地的动态变化，从自然环境变化、生殖学和繁育学等方面多维度深入分析秦岭石蝴蝶濒危的原因，同时继续加强秦岭石蝴蝶野生居群的就地保护；②根据前期秦岭石蝴蝶的野外回归结果，深入开展秦岭石蝴蝶的迁地保护、近地保护甚至异地保护，争取通过增强回归等手段，实现秦岭石蝴蝶的种群重建；③积极探索开发秦岭石蝴蝶的观赏价值、生态价值和其他价值。

图 版

图版 I 极小种群野生植物秦岭石蝴蝶野生居群

A、B. 勉县分布地秦岭石蝴蝶野生居群；C、D. 略阳县分布地秦岭石蝴蝶野生居群；E. 勉县分布地野生秦岭石蝴蝶植株；F. 略阳县分布地野生秦岭石蝴蝶植株

图版 II 开花时的秦岭石蝴蝶

A.秦岭石蝴蝶未开放的花苞；B.花苞刚打开时的秦岭石蝴蝶；C.开白色花的秦岭石蝴蝶；D～F.开花时的秦岭石
蝴蝶

图版 III　极小种群野生植物秦岭石蝴蝶人工繁育情况

A～C. 秦岭石蝴蝶组织培养技术建立；D. 培养室内秦岭石蝴蝶繁殖情况；E、F. 秦岭石蝴蝶人工繁育与驯化基地

图版 IV　极小种群野生植物秦岭石蝴蝶野外回归情况

A. 用于野外回归的秦岭石蝴蝶人工繁育种苗；B. 秦岭石蝴蝶野外回归地的确定；C、D. 秦岭石蝴蝶栽植；E. 秦岭
石蝴蝶野外回归后插牌标记；F. 移栽后浇水

图版 V　极小种群野生植物秦岭石蝴蝶野外回归情况

A. 城固县三流水野外回归地秦岭石蝴蝶生长情况；B. 城固县国有小河林场野外回归地秦岭石蝴蝶生长情况；
C. 汉中市褒河林场野外回归地秦岭石蝴蝶生长情况；D. 陕西长青国家级自然保护区野外回归地秦岭石蝴蝶生长
情况；E. 陕西佛坪国家级自然保护区野外回归地秦岭石蝴蝶生长情况；F. 略阳五龙洞国家森林公园野外回归地秦
岭石蝴蝶生长情况

图版 VI　极小种群野生植物秦岭石蝴蝶野外回归后监测

A、B. 野外回归数据统计和拍照；C. 野外回归后气候因子监测；D. 野外回归后成活率统计；E. 野外回归后传粉生殖学观测；F. 野外回归后生长情况测定

图版 VII　秦岭石蝴蝶有性繁殖现象

A、B. 在秦岭石蝴蝶野外分布地发现种子繁殖现象；C、D. 在秦岭石蝴蝶人工繁育基地仿生态栽培过程中发现种
子繁殖现象；E. 在秦岭石蝴蝶人工繁育基地发现种子繁殖现象；F. 在秦岭石蝴蝶野外回归后发现种子繁殖现象

图版 VIII 极小种群野生植物秦岭石蝴蝶保护宣传

A. 略阳县开展极小种群野生植物秦岭石蝴蝶野外回归启动仪式；B. 陕西省自然博物馆开展秦岭石蝴蝶保护科普宣传活动；C ～ F. 秦岭石蝴蝶保护科普宣传材料